三维造型设计

主　编　杨立云　　张良贵　　李彩风
副主编　任少蒙　　张卫艳　　吕　润
参　编　史海军　　朱恺真
主　审　孙志平　　张敬芳

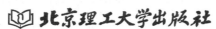

北京理工大学出版社
BEIJING INSTITUTE OF TECHNOLOGY PRESS

内 容 简 介

UG NX 是高端三维机械 CAD 软件之一，本书以目前我国企业中应用得较多的 UG NX 10.0 为蓝本，以机械加工中的典型零件为载体，采用项目化教学，任务驱动，突出机械类学生及机械工程人员计算机辅助机械产品设计思路及方法，介绍该软件三维造型建模的操作方法和机械设计应用技巧。在任务中，结合大量的机械产品实例对软件中抽象的概念、命令和功能进行讲解，以典型机械零件及产品设计范例的形式介绍实际产品的设计过程，能使学生较快地进入设计状态，具有很强的实用性。在写作方式上，本书紧贴软件的实际操作界面，采用软件中真实的对话框、操控板和按钮等进行讲解，使初学者能够直观、准确地操作软件进行学习，从而尽快地上手，提高学习效率。

本书既可作为高职高专、应用型本科及成人高等院校的机械类专业、机电类专业的教学用书，也可作为机械、电子、玩具等行业的产品开发设计技术人员的参考用书及培训教材。

图书在版编目（C I P）数据

三维造型设计 / 杨立云，张良贵，李彩风主编. ‒‒
北京：北京理工大学出版社，2022.5
ISBN 978 ‒ 7 ‒ 5763 ‒ 1342 ‒ 0

Ⅰ. ①三… Ⅱ. ①杨… ②张… ③李… Ⅲ. ①三维 ‒
工业产品 ‒ 造型设计 ‒ 计算机辅助设计 ‒ 应用软件 Ⅳ.
①TB472 ‒ 39

中国版本图书馆 CIP 数据核字（2022）第 086104 号

出版发行 /	北京理工大学出版社有限责任公司	
社　　址 /	北京市海淀区中关村南大街 5 号	
邮　　编 /	100081	
电　　话 /	(010) 68914775（总编室）	
	(010) 82562903（教材售后服务热线）	
	(010) 68944723（其他图书服务热线）	
网　　址 /	http：//www.bitpress.com.cn	
经　　销 /	全国各地新华书店	
印　　刷 /	涿州市新华印刷有限公司	
开　　本 /	787 毫米 × 1092 毫米　1/16	
印　　张 /	20.5	责任编辑 / 曾　仙
字　　数 /	478 千字	文案编辑 / 曾　仙
版　　次 /	2022 年 5 月第 1 版　2022 年 5 月第 1 次印刷	责任校对 / 刘亚男
定　　价 /	89.90 元	责任印制 / 李志强

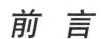

前　言

　　"三维造型设计"是高等院校的一门实践性很强的课程，是机械设计与制造专业或其他相关专业的专业核心课程。开设该课程是为了培养学生的专业软件综合应用能力，把握技术发展的脉搏，以适应机械设计与制造技术的职业岗位发展需求。

　　本书依据教学一线的专业骨干教师所进行的企业调研、岗位技能需求分析，在专业人才培养方案的指导下，积极组织企业技术人员，基于专业核心课程标准，并结合国家相关职业标准而编写。

　　1. 本书特色

　　本书基于机械类专业产品设计的岗位能力需求进行课程开发，以典型机械零件及产品为载体，以培养学生三维造型设计能力为主、理论为度，"工学结合"地选取教材内容，以"学习领域—学习情境—任务"的形式组织教材结构。

　　与市场上已出版的同类书比较，本书具有以下几个特点：

　　（1）本书兼顾理论与实践，立足于解决实际问题，目的是使学生在掌握基础知识的同时，通过项目实例分析来开阔思路、掌握方法，提高对知识综合运用的能力。在学习过程中，突出"任务分析""设计思路""考核评价"等环节，通过项目实例的分析和讲解帮助学生更快更好地完成学习。

　　（2）通过"任务工单→任务分析→知识链接→设计思路→任务实施→考核评价"的环节，辅助读者学习机械产品三维造型设计过程，应用性强，有很强的指导性和可操作性，有利于学生打好坚实的基础和提升设计技能。

　　（3）选题从易到难，从零件到产品，并且穿插大量的软件操作技能、专业规范及工程标准等，便于学生快速地进入设计工程师的行业，解决工程设计实际问题。

　　2. 教材约定

　　单击：将鼠标指针移至某位置处，然后按一下鼠标左键。

　　双击：将鼠标指针移至某位置处，然后连续快速地按两次鼠标左键。

　　右击：将鼠标指针移至某位置处，然后按一下鼠标右键。

　　单击中键：将鼠标指针移至某位置处，然后按一下鼠标中键。

　　滚动中键：只是滚动鼠标中键，而不能按中键。

　　选择（选取）某对象：将鼠标指针移至某对象上，单击以选取该对象。

　　拖移某对象：将鼠标指针移至某对象上，然后按下鼠标左键不放，同时移动鼠标，将该对象移动到指定的位置后松开鼠标左键。

　　本书包括6个项目共20个任务，主要包括三维造型设计基础、草图设计、零件设计、曲面零件设计、装配设计及工程图设计。每个任务中均采用简洁、直观的图形形式展示模型

设计过程与建模操作知识点，各个项目间既有联系又有知识能力梯度，该梯度符合学生学习的认知规律，且每个项目中都有不同难度的习题资源，便于教师分层次教学。

本书由河北机电职业技术学院杨立云、张良贵、李彩风主编并统稿，河北机电职业技术学院任少蒙、张卫艳和石家庄理工职业学院吕润为副主编。其中，项目1、项目2的任务2.1由杨立云、吕润编写，项目2的任务2.2、项目3的任务3.1~任务3.3由任少蒙编写，项目3的任务3.4~任务3.6由张卫艳编写，项目4、项目5由李彩风编写，项目6由张良贵编写。首都航天机械有限公司史海军、机械工业第六设计研究院有限公司朱恺真为各个项目提供企业典型案例与企业产品建模的注意事项与经验，以保证本书的实用性。本书由河北机电职业技术学院孙志平、张敬芳主审。

由于编者水平有限，本书难免存在不足之处，恳切希望广大读者批评指正。

目 录

项目 1　三维造型设计基础

UG NX（又称 Siemens NX、NX）由 Siemens（西门子）PLM Software 公司成功开发，是一个集 CAD、CAE、CAM 等为一体的数字化产品开发系统，它支持产品开发的整个过程，涵盖从概念（CAID）到设计（CAD）、分析（CAE）、制造（CAM）的完整流程。

项目 1 主要培养学生三维造型设计基本认知与 UG NX 基本工作环境及基本操作的实用基础知识，主要内容包括：

◆ 三维造型设计概述。

◆ 相关软件介绍。

◆ NX 10.0 的基本工作环境。

◆ 文件管理基本操作。

◆ 系统基本参数设置。

◆ 视图布局设置。

◆ 工作图层设置。

◆ 基本视图操作。

◆ 典型的对象编辑操作。

认真学习三维造型设计基础，将有助于系统化学习后续章节介绍的 NX 应用知识。

任务 1.1　三维造型设计基本认知

学习任务		三维造型设计基本认知			
姓名		学号		班级	
任务目标	知识目标	• 掌握计算机辅助设计的相关概念 • 了解典型三维设计软件的特点			
	能力目标	• 能够正确描述计算机辅助三维造型设计的概念 • 能够正确区分三维造型设计软件的特点			
	素质目标	• 具有自我学习能力及创新能力			
任务描述		认识三维造型设计相关的概念，明确三维造型设计的意义，初步了解各类三维建模软件，分析其各自的特点			
学习笔记					

任务分析

在课程学习之初，首先需要了解课程相关的概念，掌握目前市场应用的三维造型建模软件及其特点，为后续的学习打下坚实的基础。

知识链接

1.1.1 三维造型设计概述

1. 造型设计的概念

所谓造型设计，不是单纯的外形设计，而是更为广泛的设计与创造活动，它不仅包括形态的艺术性设计，还包括与实现形态及实现有关功能的材料、结构、构造、工艺等方面的技术性设计。

在整个设计过程中，形态、结构、材料、工艺与使用功能的统一，与人的心理、生理相协调，将始终是研究和解决的主要内容。

造型设计是工程技术与美学艺术相结合的一种现代设计方法。

2. 计算机辅助造型设计的概念和意义

计算机辅助设计（Computer Aided Design，CAD）是指由计算机来完成产品设计中的数据计算、几何分析、产品模拟、图纸绘制、编制技术文件等工作。

计算机辅助三维造型设计是指设计人员借助计算机辅助设计系统提供的图形终端（或工作站）及其软件描述所设计产品的形状、结构、大小以及模拟在光线照射下表面的色彩、明暗和纹理等，它以提高效率、增强设计的科学性与可靠性、适应信息化社会的生产方式为目的。

因此，三维造型就是在计算机上建立完整的产品三维几何形状的过程。在计算机上进行三维造型所用的技术称为三维造型技术。三维造型的结果是三维模型，因此也称为三维建模。

3. 三维造型 CAD 系统的组成及功能

三维造型 CAD 系统一般由数值计算与处理、交互绘图与图形输入/输出、存储和管理设计制造信息的工程数据库三大模块组成，其主要功能包括：

（1）造型功能。

（2）强大的图形处理功能，包括绘图、编辑、图形输入/输出和真实感图形渲染等。

（3）有限元分析和优化设计能力。

（4）三维运动机构的分析与仿真。

（5）提供二次开发工具，以适应不同行业、不同场景的需要。

（6）数据管理能力，以产品为中心对设计信息和与之相关的信息进行综合管理，提高设计部门总体效率。

（7）数据交换功能，其提供通用的文件格式转换接口，以达到自动检索、快速存取、不同系统间传输与交换数据的目的。

1.1.2 相关软件介绍

随着计算机技术的迅速发展，针对不同的用户及不同产品的造型法则，各大公司相继推出了多种计算机图形软件，大大提高了计算机的普及程度和计算机辅助设计的水平。设计师常用的计算机辅助设计软件分类见表1.1.1。

表1.1.1 设计师常用的计算机辅助设计软件分类

主要应用领域	低端设计软件组合	中端设计软件组合	高端设计软件组合
二维绘图	Freehand、Coredraw	Illustrater、Photoshop	3D Paint
三维曲面建模	Rhino、3ds Max	SolidEdge、SolidWorks	Alias、Creo、CATIA
渲染	BMRT/Flamingo	PhotoWorks、Lightscape	PhotoRender、RenderMan
动画	3ds Max、Softimage、Maya		Alias
工程设计（三维造型）	AutoCAD/MDT	SolidEdge、SolidWorks	Creo、UG NX、CATIA、I – Deas

1. UG NX 软件

NX软件诞生于20世纪70年代，已逐步发展成涵盖产品设计、工程和制造全范围开发过程的综合性设计套件，于2007年左右正式被Siemens（西门子）公司收购并积极发展。NX软件具有航空和汽车两大产业的应用背景，当前在工业设计、产品设计、NC（数控）加工、模具设计和开发解决方案等方面应用广泛。一个不可忽视的现实是，NX在军工领域和其他高端工程领域具有强大的实力和优势，在高端领域与CATIA等设计软件并驾齐驱。现阶段大多数飞机发动机和汽车发动机都是采用NX设计的。

2. PTC 的 Creo 软件

Creo（PRO/E）由美国PTC公司于2010年10月推出，是整合了PTC公司的三个软件（Pro/Engineer的参数化技术、CoCreate的直接建模技术和ProductView的三维可视化技术）的新型CAD设计软件包，是PTC公司闪电计划所推出的第一个产品。Creo是一个可伸缩的套件，集成了多个可互操作的应用程序，功能覆盖整个产品开发领域。Creo的产品设计应用程序使企业中的每个人都能使用最适合自己的工具，于是他们可以全面参与产品开发过程。除了Creo Parametric之外，Creo还有多个独立的应用程序可在二维和三维CAD建模、分析及可视化方面提供新的功能。Creo还提供了很强的互操作性，可确保在内部和外部团队之间轻松共享数据。

3. Dassault 的 CATIA 软件

CATIA是由法国著名飞机制造公司Dassault开发并由IBM公司负责销售的CAD/CAM/CAE/PDM应用系统。CATIA起源于航空工业，其最大的标志客户即美国波音公司，波音公司通过CATIA建立起了一整套无纸飞机生产系统，取得了重大的成功。

4. 其他知名CAD软件介绍

1）SolidWorks

SolidWorks软件是世界上第一个基于Windows操作系统开发的三维CAD系统，该系统功能强大、易学易用、技术创新，使得 SolidWorks 成为领先的、主流的三维 CAD 解决方案。SolidWorks 能够提供不同的设计方案、减少设计过程中的错误以及提高产品质量。

2）CAXA 实体设计

CAXA 实体设计使实体设计突破了传统参数化造型在复杂性方面受到的限制，不论是经验丰富的专业人员，还是刚接触该软件的初学者，CAXA 实体设计都能提供便利的操作。其采用鼠标拖放式全真三维操作环境，具有无可比拟的运行速度、灵活性和强大功能，使设计更快，并获得更高的交互性能。CAXA 实体设计支持网络环境下的协同设计，可以与 CAXA 协同管理或者其他主流 CPC/PLM 软件集成工作。利用 CAXA 实体设计，人人都能够更快地从事创新设计。

任务 1.2　UG NX 基本操作

学习任务	UG NX 基本操作				
姓名		学号		班级	
任务目标	知识目标	● 熟悉 UG 的工作界面 ● 掌握 UG 软件的打开、关闭，文件的创建、打开、保存等操作 ● 熟练掌握对象操作 ● 掌握鼠标操作、视图样式操作、视图观察操作、图层操作			
	能力目标	● 能正确启动、退出 UG 软件 ● 能正确创建文件、打开文件、保存文件 ● 能正确设置工作界面、设置图层 ● 能正确进行对象操作、视图操作			
	素质目标	● 培养团队协作能力 ● 培养严肃认真的工作态度			
任务描述	打开"三通"文件模型，完成模型的翻转、缩放、平移等操作，完成正等测视图、正三轴测图、"带边着色"显示等模型显示操作，完成视图新建布局、撤销等操作，最后保存、关闭文件				
学习笔记					

 任务分析

要能更好地系统完成后续的 UG NX 的零件设计、装配设计及工程图设计等任务，就必须熟练 UG NX 的基本工作环境与基本操作。通过本次任务的实施，可以了解基本工作环境，并实现 NX 10.0 的基本工作环境操作、文件管理基本操作、系统基本参数设置、视图布局设置、工作图层设置、基本视图操作等应用。

 知识链接

1.2.1 NX 10.0 的基本工作环境

本知识点主要是 NX 10.0 基本工作环境的实用基础知识，包括启动与关闭 NX 10.0、熟悉 NX 10.0 工作界面、切换应用模块和定制界面。

1. 启动与关闭

一般来说，有两种方法可启动并进入 NX 10.0 软件环境。

方法一：双击 Windows 桌面上的 NX 10.0 软件快捷图标。

说明：如果软件安装完毕后，桌面上没有 NX 10.0 软件快捷图标，则请参考方法二。

方法二：单击 Windows 操作系统的"开始"菜单→"Siemens NX 10.0"→"NX 10.0"，进入 UG NX 10.0 软件环境，如图 1.2.1 所示。

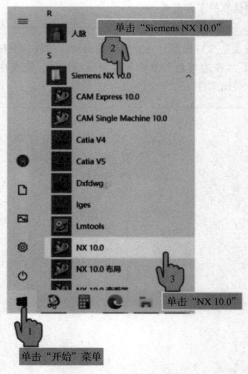

图 1.2.1 启动 NX 10.0

　　关闭 UG 软件环境的方法与其他软件相似，单击标题栏右上角的 ×̲ 按钮，即可退出软件环境。

　　2. 设置界面主题

　　启动软件后，一般情况下系统默认显示图 1.2.2 所示的"轻量级"界面主题。部分 UG NX 用户仍然习惯在早期版本中的"经典"界面主题下使用软件，则可以按照图 1.2.3 所示的方法进行界面主题设置。

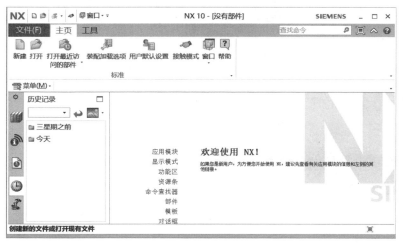

设置用户
界面

图 1.2.2　"轻量级"界面主题

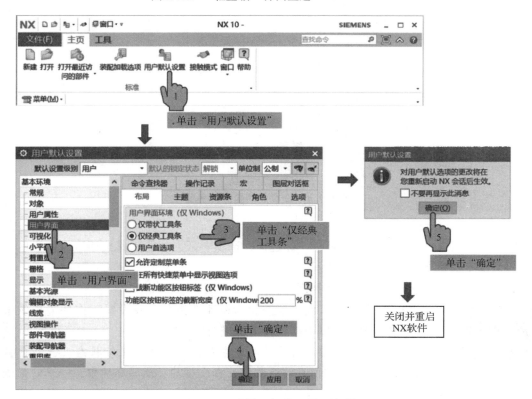

图 1.2.3　设置"经典"界面主题

说明：如果要在"经典"界面中修改用户界面，可以按照图1.2.4所示进行设置。

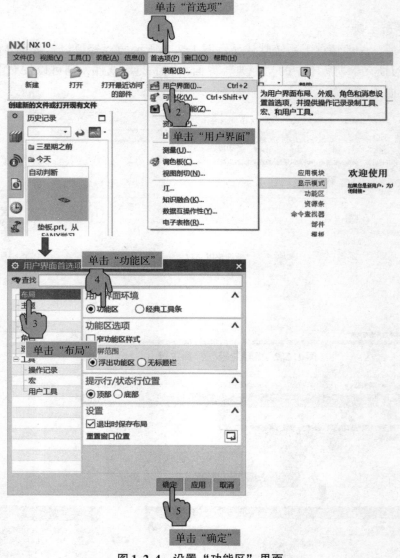

图1.2.4　设置"功能区"界面

3．工作界面介绍

NX 10.0用户界面包括快速工具栏、标题栏、选项卡区、功能工具按钮区、消息区、图形区、资源工具栏等，如图1.2.5所示。

1）功能工具按钮区

功能工具按钮区的命令按钮为快速选择命令及设置工作环境提供了极大的方便，用户可以根据具体情况进行定制。

注意：用户会看到有些菜单命令和按钮处于非激活状态（呈灰色，即暗色），这是因为它们目前还没有处在发挥其功能的环境中，一旦它们进入有关的环境，便会自动激活。

工作界面
介绍

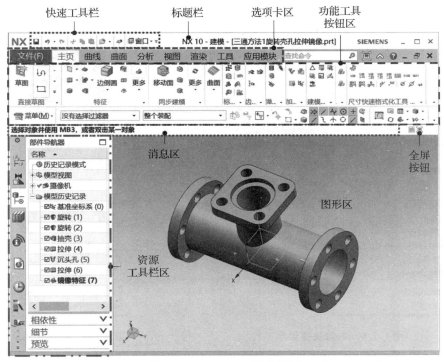

图 1.2.5　NX 10.0 经典界面

2）选项卡区

选项卡区中包含创建、保存、修改模型和设置 NX 10.0 环境的所有命令。

3）资源工具栏区

资源工具栏区包括"装配导航器""约束导航器""部件导航器""Internet Explorer""历史记录"和"系统材料"等导航工具。用户通过该工具栏可以方便地进行一些操作。对于每一种导航器，都可以直接在其相应的项目上右击，快速地进行各种操作。

4）图形区

图形区是 NX 10.0 用户的主要工作区域，建模的主要过程、绘制前后的零件图形、分析结果和模拟仿真过程等都在这个区域内显示。用户在进行操作时，可以直接在图形区中选取相关对象进行操作。另外还可以选择多种视图操作方式，如图 1.2.6、图 1.2.7 所示。

5）消息区

执行有关操作时，与该操作有关的系统提示信息会显示在消息区。消息区中间有一个可见的边线，左侧是提示栏，用来提示用户如何操作；右侧是状态栏，用来显示系统（或图形）当前的状态，如显示选取结果信息等。执行每个操作时，系统都会在提示栏中显示用户必须执行的操作，或者提示下一步操作。对于大多数命令，用户都可以利用提示栏的提示来完成操作。

6）"全屏"按钮

在 NX 10.0 中使用"全屏"按钮，允许用户将可用图形窗口最大化。在最大化窗口模式下再次单击"全屏"按钮，即可切换到普通模式。

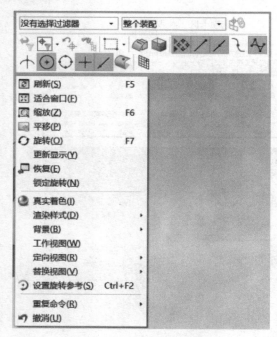

图 1.2.6　右键快捷菜单

右键推拉式快捷
菜单详解

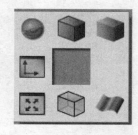

图 1.2.7　推拉式菜单

4. 定制工作界面

在建模过程中，有时需要足够大的图形窗口而希望功能区最小化。在这种需求情况下，在功能区的选项卡名称行的右部区域单击"最小化功能区"按钮 ∧，即可最小化功能区并使其仅显示选项卡名称。此后如果要展开功能区以显示选项卡内容，则单击"展开功能区"按钮 ∨ 即可，如图 1.2.8 所示。

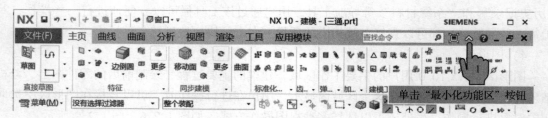

图 1.2.8　最小化功能区

用户可以根据实际情况来定制个性化的界面。按【Ctrl + 1】组合键，或者单击"菜单"按钮，并选择"工具"→"定制"命令，系统弹出"定制"对话框，如图 1.2.9 所示。利用该对话框，可以定制菜单和工具条、图标大小、屏幕提示、提示行和状态行位置、保存和加载角色等。

1）控制选项卡/条显示

在"定制"对话框的"选项卡/条"选项卡中，通过选中或取消选中选项卡/条名称前方的复选框，可以设置在工作界面中显示或隐藏该选项卡/条，如图 1.2.10 所示。在该选项卡中单击"新建"按钮，弹出"选项卡属性"

工作界面
定制

对话框，指定名称和可用的应用模块，单击"确定"按钮，即可添加新的选项卡/条。

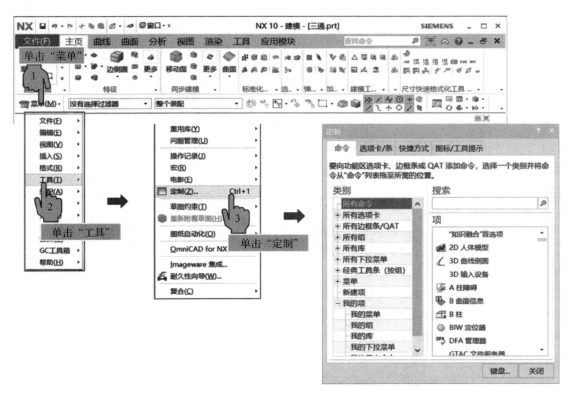

图 1.2.9 调出"定制"对话框

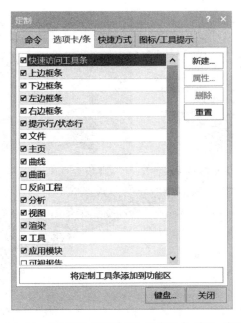

图 1.2.10 "定制"对话框的"选项卡/条"选项卡

2）添加命令

在一些特殊的设计场合下，可能需要向功能区选项卡、选择条或指定菜单中添加命令，其方法是：在"定制"对话框中切换至"命令"选项卡，从"类别"列表框中选择某一类别，以在"项（或命令）"列表框中显示该类别下的所有命令或项，并在"项（或命令）"列表框中选择所需的命令或项，如图 1.2.11 所示，接着将其从对话框中拖到界面中指定的所需位置放置，然后单击"定制"对话框中的"关闭"按钮。

用户还可以采用另一种方法为当前已有选项卡面板（或工具条）添加（或移除）当前应用模块默认提供的按钮。以"特征"选项卡面板为例，在要操作的选项卡面板中单击"选项设置"按钮 ，接着从下拉列表中选择要添加或移除的按钮名称（列表中带有勾选符号 表示已添加在当前要操作的选项卡面板中的按钮），如图 1.2.12 所示。

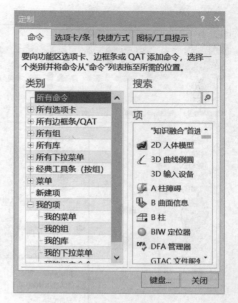

图 1.2.11　"定制"对话框的
"命令"选项卡

图 1.2.12　为当前选项卡面板添加或移除按钮

3）定制快捷方式

在"定制"对话框中切换至"快捷方式"选项卡，可以通过在图形窗口（或导航器中）选择对象以定制其快捷工具条或推断式工具条，并可以设置在所有快捷菜单中显示视图选项，以及在视图快捷菜单上方显示小选择条。

4）设置"图标/工具提示"

在"定制"对话框的"图标/工具提示"选项卡中，可以设置图标大小和工具提示选项等，如图1.2.13所示。

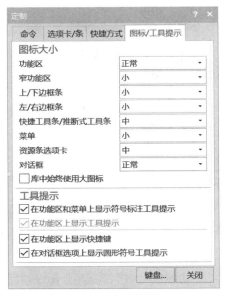

图1.2.13 "图标/工具提示"选项卡

1.2.2 文件管理基本操作

在UG NX中，文件管理基本操作的命令位于功能区的"文件"选项卡中，如图1.2.14所示。下面介绍常用的文件管理基本操作，包括新建文件、打开文件、保存文件、关闭文件、文件导入与导出等。

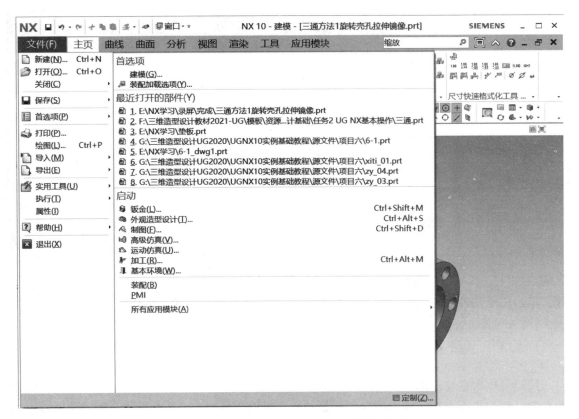

图1.2.14 NX 10.0功能区的"文件"选项卡

新建文件

1. 新建文件

功能区"文件"选项卡中的"新建"命令用于新建一个指定类型的文件，其对应的工具按钮为"新建"按钮 □，快捷方式为【Ctrl + N】组合键。

2. 打开文件

要打开一个已创建的文件，可以在功能区的"文件"选项卡中选择"打开"命令，或在"快速访问"工具栏中单击"打开"按钮 ➲，系统弹出"打开"对话框，利用该对话框设定所需的文件类型，选择要打开的文件，并可设置预览选定的文件以及设置是否加载设定内容等。若单击"打开"对话框中的"选项"按钮，则可利用弹出的"装配加载选项"对话框设置装配加载选项。使用"打开"对话框从指定目录范围中选择

打开文件

要打开的文件后，单击"OK"按钮即可。

3. 保存操作

在功能区"文件"选项卡的"保存"级联菜单中提供了多种保存操作命令，包括"保存""仅保存工作部件""另存为""全部保存""保存书签"和"保存选项"命令，这些命令的功能含义如表 1.2.1 所示。

表 1.2.1 保存操作命令的功能含义

保存操作命令	功能含义
保存	保存工作部件和任何已经修改的组件
仅保存工作部件	仅将工作部件保存
另存为	使用其他名称保存此工作部件
全部保存	保存所有已修改的部件和所有的顶级装配部件
保存书签	在书签文件中保存装配关联，包括组件可见性、加载选项和组件组
保存选项	定义保存部件文件时要执行的操作

4. 关闭文件

在功能区的"文件"选项卡中有一个"关闭"级联菜单，如图 1.2.15 所示，其中提供了用于不同方式关闭文件的命令。用户可以根据实际情况选用一种关闭命令。例如，从功能区的"文件"选项卡中选择"关闭"→"保存并关闭"命令，可保存并关闭工作部件。另外，单击位于功能区右侧的"关闭"按钮 ✕，亦可关闭当前活动工作部件。

1.2.3 系统基本参数设置

用户可以根据自己的喜好和设计团队的需要来修改系统默认的一些基本参数设置，如对象参数、用户界面参数、图形窗口的背景特性、可视化参数、可视化性能参数、选择首选项等。接下来，介绍一些改变系统参数设置的方法，其他系统参数的首选项设置方法与此类似。

图 1. 2. 15　功能区"文件"选项卡中的"关闭"级联菜单

1. 对象首选项设置

　　要设置新对象的首选项（如图层、颜色和线型等），操作如图 1. 2. 16 所示。在上边框条中单击"菜单"按钮 ，接着从打开的菜单中选择"首选项"→"对象"命令，打开"对象首选项"对话框，该对话框具有"常规"选项卡、"分析"选项卡和"线宽"选项卡，如图 1. 2. 17 所示。

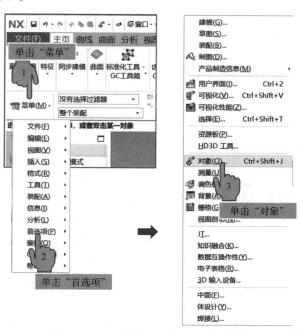

图 1. 2. 16　要设置新对象的首选项步骤

（a）

（b）

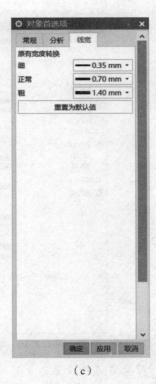
（c）

图 1. 2. 17　"对象首选项" 对话框

（a）"常规"选项卡；（b）"分析"选项卡；（c）"线宽"选项卡

说明：在本小节中介绍到"菜单"按钮 雪菜单(M)·，通过该按钮可以访问 NX 10.0 的菜单栏，该菜单栏提供了丰富的功能命令，便于用户从传统操作途径上查找和执行命令。

2. 用户界面首选项设置

用户界面首选项设置是指为用户界面布局、外观、角色和消息设置首选项，并提供操作记录录制工具、宏和其他特定的用户工具。

在上边框条中单击"菜单"按钮 雪菜单(M)·，接着选择"首选项"→"用户界面"命令，打开图 1. 2. 18 所示的"用户界面首选项"对话框，该对话框提供了"布局""主题""资源条""接触""角色""选项"和"工具"这些用户界面类别设置页。

其中，选择"布局"设置页时，用户可以设置用户界面环境启用功能区还是启用经典工具条，定制功能区选项和提示行/状态行位置，以及设置退出时是否保存布局等；选择"主题"设置页时，可以从"类型"下拉列表框中选择一个选项定义 NX 主题（可供选择的主题选项有"轻量级（推荐）""浅灰色""经典""经典，使用系统字体"和"系统"），如图 1. 2. 19 所示，还可以设置是否为未锁定的 UI 组件启用透明度。

另外，利用"用户界面首选项"对话框的其他设置页，还可以设置资源条、接触、角色、对话框选项、用户反馈选项、操作记录工具、宏和用户工具等方面的首选项。

3. 选择首选项设置

可以设置对象选择行为，如高亮显示、快速拾取延迟以及选择球大小。

图 1.2.18　"用户界面首选项"对话框

图 1.2.19　"主题"设置页

在上边框条中单击"菜单"按钮 ，接着选择"首选项"→"选择"命令，打开图 1.2.20 所示的"选择首选项"对话框。利用该对话框，可以设置多选时的鼠标手势和选择规则，可以设置高亮显示选项，可以设置是否启动延迟时快速拾取及其延迟时间，还可以设置选择半径大小、成链公差和方法选项。

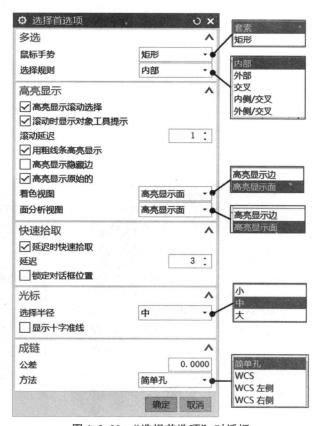

图 1.2.20　"选择首选项"对话框

4. 背景首选项设置

允许设置图形窗口背景特性，如颜色和渐变效果，其方法是在上边框条中单击"菜单"按钮 菜单(M)·，接着选择"首选项"→"背景"命令，打开图1.2.21所示的"编辑背景"对话框，接着在该对话框中进行相关设置即可。

绘图窗口背景
更改案例

图1.2.21 "编辑背景"对话框

1.2.4 视图布局设置

在进行三维产品设计过程中，有时候可能为了多角度观察一个对象而需要同时用到一个对象的多个视图，如图1.2.22所示的示例。这便要应用到视图布局设置功能。用户创建视图布局后，可以在需要时再次打开视图布局，既可以保存视图布局，可以修改视图布局，还可以删除视图布局等。

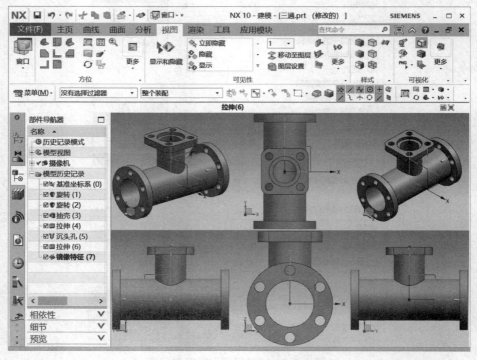

图1.2.22 同时显示多个视图

视图布局设置的命令集中在"菜单"→"视图"→"布局"级联菜单中，如图1.2.23所示。该级联菜单中的命令功能说明如表1.2.2所示。此外，在功能区的"视图"选项卡中亦可找到用于视图布局的工具命令，如图1.2.24所示。

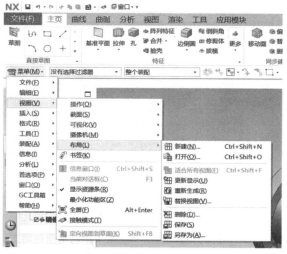

视图布局操作
案例

图1.2.23　"菜单"→"视图"→"布局"级联菜单

表1.2.2　视图布局设置的相关命令

布局	功能简要说明
新建	以6种布局模式之一创建包含至多9个视图的布局
打开	调用5个默认布局中的任何一个或任何先前创建的布局
适合所有视图	调整所有视图的中心和比例以在每个视图的边界之内显示所有对象
更新显示	更新显示以反映旋转（或比例）更改
重新生成	重新生成布局中的每个视图，移除临时显示的对象并更新已修改的几何体的显示
替换视图	替换布局中的视图
删除	删除用户定义的任何不活动的布局
保存	保存当前布局布置
另存为	用其他名称保存当前布局

1.2.5　工作图层设置

在很多设计软件中都具有图层的概念，UG NX也不例外。图层好比一张透明的薄纸，用户可以使用设计工具在该薄纸上绘制任意数目的对象，这些透明的薄纸叠放在一起便构成完整的设计项目。系统默认为每个部件提供256个图层，但只能有一个是工作图层。用户可以根据设计情况来选择所需的图层为工作图层，并可以设置哪些图层为可见层。

图 1.2.24　功能区的"视图"选项卡中的视图布局工具

1. 图层设置

在上边框条中单击"菜单"按钮 ![菜单(M)]，接着选择"格式"→"图层设置"命令，或者在图 1.2.25 所示的"视图"选项卡里找到"图层设置"，或者按【Ctrl + L】组合键，系统弹出如图 1.2.26 所示的"图层设置"对话框，从中可查找来自对象的图层，设置工作图层、可见和不可见图层，并可以定义图层的类别名称等。其中，在"工作图层"文本框中输入一个所需的图层号，那么该图层就被指定为工作图层，注意图层号的范围为 1 ~ 256。

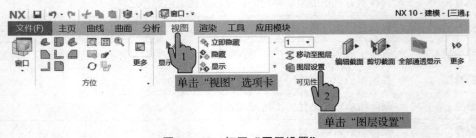

图 1.2.25　打开"图层设置"

一个图层的状态有 4 种，即"可选""工作图层""仅可见"和"不可见"。在"图层设置"对话框的"图层"选项组中，从"图层/状态"列表框中选择一个图层后，"图层控制"下的"设为可选"按钮、"设为工作图层"按钮、"设为仅可见"按钮和"设为不可见"按钮这 4 个按钮中的几个会被激活，此时用户可根据自己的需要单击相应的状态按钮，从而设置所选图层为可选的、工作状态的、仅可见的或不可见的。

2. 移动至图层

可以将对象从一个图层移动到另一个图层中去，这需要应用到"菜单"→"格式"菜单中的"移动至图层"命令（对应的"移动至图层"按钮 ![] 位于功能区"视图"选项卡的"可见性"面板中），其一般操作步骤如下。

步骤1：在没有选择图形对象的情况下，在单击"菜单"按钮  菜单(M)·后选择"格式"→"移动至图层"命令，系统弹出"类选择"对话框，如图1.2.27所示。

步骤2：通过"类选择"对话框，在图形窗口或部件导航器（部件导航器位于图形窗口左侧的资源板中）中选择要移动的对象，注意在进行选择操作时可以巧妙地使用合适的过滤器来设定选择过滤参数，选择好图形对象后单击"确定"按钮，系统弹出"图层移动"对话框，同时系统提示用户选择要放置已选对象的图层，如图1.2.28所示。

步骤3："目标图层或类别"文本框用于显示选定的目标图层或目标类别标识，而类别过滤器用于设置过滤图层。既可以从位于类别过滤器下方的对象列表中选择一个对象来获取目标图层或类别，也可以从"图层"列表中选择所需的一个图层用作目标图层，还可以在"目标图层或类别"文本框中输入图层号。为了确认要移动的对象准确无误，可以在"图层移动"对话框中单击"重新高亮显示对象"按钮，这样选取的对象将在图形窗口中高亮显示。如果要另外选择移动的对象，那么可单击"选择新对象"按钮，接着利用打开的"类选择"对话框来选择要移动的新对象。

步骤4：确认要移动的对象和要移动到的目标图层后，在"图层移动"对话框中单击"确定"按钮或"应用"按钮。

图1.2.26　"图层设置"对话框

图1.2.27　"类选择"对话框

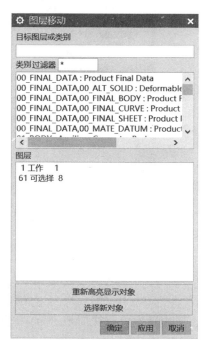

图1.2.28　"图层移动"对话框

另外，使用"菜单"→"格式"→"复制至图层"命令（对应的工具图标为"复制至图层"按钮），可以将某一个图层的选定对象复制到指定的图层中。具体操作方法和"移动至图层"类似，在此不再赘述。

1.2.6　基本视图操作

在这里介绍的基本操作包括视图基本操作和选择对象操作。

1. 视图基本操作

在上边框条中单击"菜单"按钮，接着打开"视图"→"操作"级联菜单，可以看到图 1.2.29 所示的视图操作基本命令。在功能区的"视图"选项卡中也可以访问常用的视图基本操作工具命令。

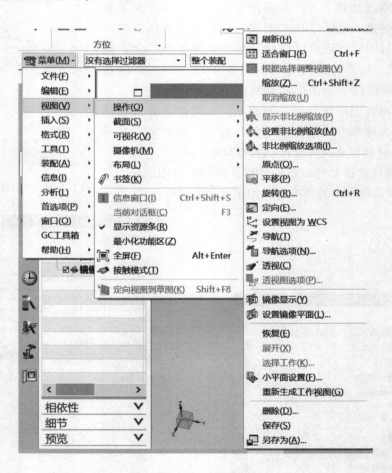

图 1.2.29　视图操作菜单

此外，使用鼠标可以快捷地进行一些视图操控，如表 1.2.3 所示。

表 1.2.3　使用鼠标进行的一些视图操控

视图操作	具体操作说明	备注
旋转模型视图	在图形窗口中，按住鼠标中键（MB2）的同时拖动鼠标，可以旋转模型视图	如果要围绕模型上的某一位置旋转，那么可先在该位置按住鼠标中键（MB2）一会儿，然后拖动鼠标
平移模型视图	在图形窗口中，同时按住鼠标中键和右键（MB2＋MB3）并拖动鼠标，可以平移模型视图	也可以按住【Shift】键和鼠标中键（MB2）的同时拖动鼠标
缩放模型视图	在图形窗口中，同时按住鼠标左键和中键（MB1＋MB2）的同时拖动鼠标，可以缩放模型视图	也可以使用鼠标滚轮，或者按住【Ctrl】键和鼠标中键（MB2）的同时拖动鼠标

鼠标与组合键结合应用（请扫描二维码观看视频），可以快捷方便地完成视图的操控。

要恢复正交视图或其他默认视图，则可在图形窗口的空白区域单击鼠标右键，接着从弹出的快捷菜单中打开"定向视图"级联菜单，如图1.2.30 所示，从中选择一个视图选项。也可以从位于上边框条中的"视图"工具栏中打开"定向视图"下拉菜单来选择所需的一个视图选项。

鼠标与组合键
的应用

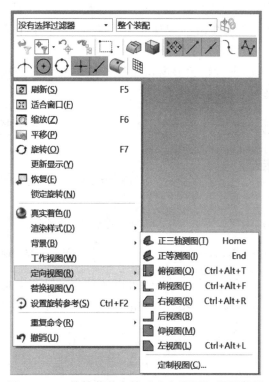

图 1.2.30　快捷菜单中的"定向视图"级联菜单

新部件的渲染样式是由用于创建该部件的模板决定的。要更改渲染样式，可右键单击图形窗口的空白区域，接着从弹出的快捷菜单中打开"渲染样式"级联菜单，如图 1.2.31 所示，从中选择一个渲染样式选项，如"带边着色""着色""带有淡化边的线框""带有隐藏边的线框""静态线框""艺术外观""面分析"或"局部着色"。

2. 选择对象操作

在设计工作中，免不了要进行选择对象的操作。通常，要选择一个对象，则将鼠标指针移至该对象上单击鼠标左键即可，重复此操作可以继续选择其他对象。要选择多个对象，还可以使用上边框条中的矩形或套索动作工具。

当多个对象相距很近时，可以使用"快速拾取"对话框来选择所需的对象，其方法是将鼠标指针置于要选择的对象上保持不动，待在

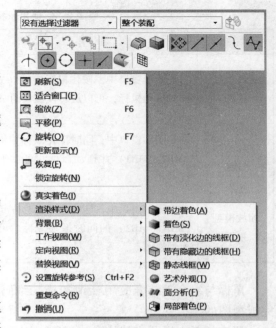

图 1.2.31　选择渲染样式选项

鼠标指针旁出现 3 个点时，单击鼠标左键便打开"快速拾取"对话框，如图 1.2.32 所示，在该对话框的列表中列出了鼠标指针下的多个对象，从该列表中指向某个对象使其高亮显示，然后单击即可选择它。用户也可以通过在对象上按住鼠标左键，等到在鼠标指针旁出现 3 个点时，释放鼠标左键，系统弹出"快速拾取"对话框，然后在"快速拾取"对话框的列表中选定对象。

如图 1.2.33 所示，可以设置在图形窗口中单击鼠标右键时使用迷你选择条，使用此迷你选择条可以快速访问选择过滤器设置。

图 1.2.32　"快速拾取"对话框

图 1.2.33　迷你选择条

若尚未打开任何对话框，则按【Esc】键可以清除当前选择，即取消当前选择集中的所有对象。若要取消选择某个对象，则按住【Shift】键并单击该对象即可。

步骤 1：打开文件。

启动 NX 10.0 后，单击"打开"按钮，或者按【Ctrl + O】组合键，系统弹出"打开"

对话框，在"打开"对话框选择"三通"文件，然后单击"打开"对话框中的"OK"按钮，如图 1.2.34、图 1.2.35 所示。

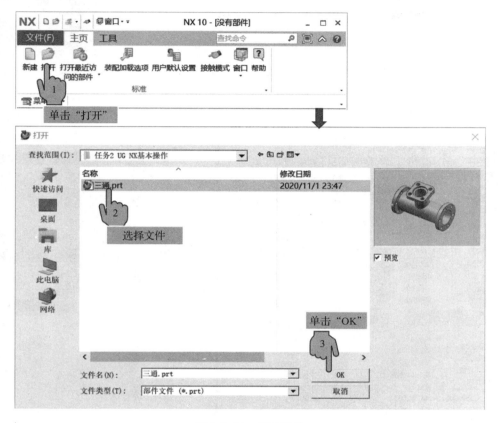

图 1.2.34 打开文件

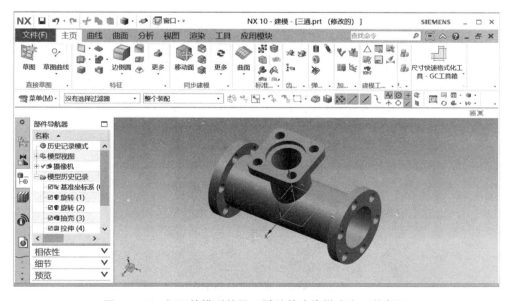

图 1.2.35 打开的模型效果（默认的渲染样式为"着色"）

步骤2：翻转模型。

将鼠标指针置于绘图窗口中，按住鼠标中键的同时并移动鼠标，将模型视图翻转成图1.2.36所示的视图效果显示。

步骤3：缩放模型。

单击"菜单"按钮并选择"视图"→"操作"→"缩放"命令，或者按【Ctrl + Shift + Z】组合键，系统弹出"缩放视图"对话框，单击"缩小10%"按钮，注意观察视图缩放的效果，然后单击"确定"按钮，如图1.2.37所示。

图1.2.36 翻转模型
视图显示

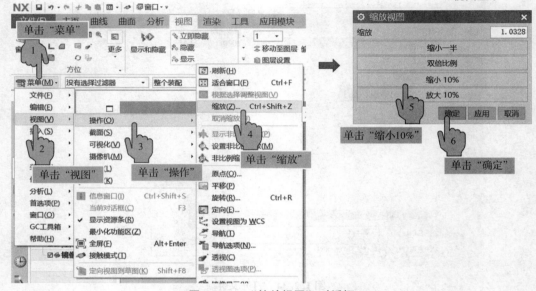

图1.2.37 "缩放视图"对话框

步骤4：平移模型。

在图形窗口中，按住鼠标中键和右键的同时拖动鼠标，练习平移模型视图。

步骤5：正等测视图。

在图形窗口的空白区域中单击鼠标右键，从弹出的快捷菜单中选择"定向视图"→"正等测图"命令，则定向光标所在的视图与正等测视图对齐，如图1.2.38所示。

图1.2.38 正等测图（TFR – ISO）

说明：也可以直接在键盘上按【End】键快捷地切换回正等测图。

步骤6：正三轴测图。

在图形窗口的空白区域中单击鼠标右键，从弹出的快捷菜单中选择"定向视图"→"正三轴测图"命令，则定向光标所在的视图与正三轴测图对齐，如图1.2.39所示。

图1.2.39　正三轴测图（TFR－TRI）

说明：也可以直接在键盘上按【Home】键快捷地切换回正三轴测图。

步骤7："带边着色"显示。

在"视图"选项卡中，在"样式"功能区单击"带边着色"按钮 🟦 （图1.2.40），或者在右键快捷菜单中选择"渲染样式"→"带边着色"。此时在图形窗口中显示的模型效果如图1.2.41所示。

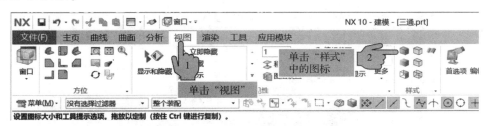

图1.2.40　改变模型的当前渲染样式

图1.2.41　带边着色的显示效果

步骤8：新建布局。

在上边框条中单击"菜单"按钮，选择"视图"→"布局"→"新建"命令，打开"新建布局"对话框。在"名称"文本框中输入"BC_LAY1"，选择布局模式选项为"L2" 🔲，如图1.2.42所示。然后，在"新建布局"对话框中单击"确定"按钮，结果如图1.2.43所示（可分别为布局各子窗口设置所需的模型渲染样式）。

步骤9：撤销操作。

在"快速访问"工具栏中单击"撤销"按钮 ↩，或者按【Ctrl + Z】组合键，从而撤销上次操作，在本例中就是撤销之前的新建布局操作。

步骤 10：设置绘图窗口背景。

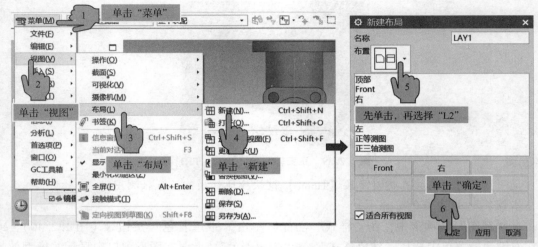

图 1.2.42　新建布局

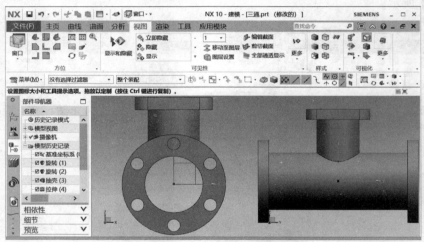

图 1.2.43　新建布局的结果

在上边框条中单击"菜单"按钮，接着选择"首选项"→"背景"命令，打开"编辑背景"对话框，在"着色视图"选项组中选择"纯色"单选按钮，在"线框视图"选项组中同样选择"纯色"单选按钮，在"普通颜色"文本右侧单击颜色按钮，弹出"颜色"对话框，从中选择白色，然后单击"颜色"对话框中的"确定"按钮，返回到"编辑背景"对话框，再单击"确定"按钮，从而将绘图窗口的背景颜色设置为白色。

步骤 10：保存文件。

在"快速访问"工具栏中单击"保存"按钮 🖫，或者按【Ctrl + S】组合键，保存已经修改过的工作部件。

步骤 11：关闭文件。

单击位于功能区右侧的"关闭"按钮 ✕，关闭文件。

考核评价

学生姓名		组名		班级		
小组成员						
考评项目		分值	要求	学生自评	小组互评	教师评定
知识能力	任务分析	10	正确性			
	菜单命令	40	正确率、熟练程度			
	问题与解决	20	解决问题的方式与成功率			
职业素养	文明上机	10	卫生情况与纪律			
	团队协作	10	相互协作、互帮互助			
	工作态度	10	严谨认真			
成绩评定		100				

心得体会	

项目小结

　　要学好三维造型设计，就必须掌握三维造型设计的相关概念及常用的三维造型设计软件；要快速地学习 NX 10.0，就必须了解基本工作环境，NX 10.0 的基本工作环境、文件管理基本操作、系统基本参数设置、视图布局设置、工作图层设置、基本视图操作、典型的对象编辑操作。

　　初学者在学习 NX 10.0 基本操作的过程中，可以多注意相关菜单命令是否有相应的工具按钮，以便找到适合自己操作的命令执行方式。

项目 1 习题

项目 2　草图设计

草图绘制是 UG NX 中非常重要的一个基本技能。通过在草图模块界面中运用各种草图绘制命令，进行从简单到复杂的二维图形的创建，可以达到以下目的：

（1）认识并熟练运用各个命令完成草图设计。

（2）能够快速绘制比较复杂的二维图形，为实体零件建模设计打下基础。

本项目通过两个任务来介绍草图模块的主要命令，主要内容包括：

◆ 草图绘制命令概述。

◆ 草图绘制。

◆ 草图的编辑。

◆ 草图几何约束。

◆ 草图尺寸约束。

任务 2.1 垫板零件草图设计

学习任务		垫板零件草图设计			
姓名		学号		班级	
任务目标	知识目标	• 掌握各种草图曲线的绘制命令 • 掌握各种草图曲线的编辑命令			
	能力目标	• 能够正确运用各种草图曲线命令绘制图形 • 能够正确利用各种草图曲线的编辑命令			
	素质目标	• 培养团队协作能力 • 培养认真严谨的工匠精神			
任务描述	完成下图所示的垫板零件草图，主要涉及矩形、直线、圆角、阵列曲线命令的应用及对称约束的操作。				
学习笔记					

任务分析

　　垫板主要为薄板类零件，其形状主要由直线和圆弧等组成，完成草图，即可快速完成实体建模。分析该垫板的形状，图元主要由直线、圆、圆弧组成，或由矩形、圆、圆弧等组成。

知识链接

2.1.1　草图绘制命令概述

　　要绘制草图，应先从草图环境的工具条按钮区（由于工具条按钮简明而快捷，因此推荐优先使用）或"插入"菜单下"曲线"下拉菜单中选取一个绘图命令，然后可通过在图形区选取点来创建对象。在绘制对象的过程中，当移动鼠标指针时，系统会自动确定可添加的约束并将其显示。绘制对象后，用户还可以对其继续添加约束。

　　本节主要介绍利用"草图工具"工具条来创建草图对象。

　　草图环境中使用鼠标的说明：

　　（1）绘制草图时，可以在图形区单击以确定点，单击中键则中止当前操作或退出当前命令。

　　（2）当不处于草图绘制状态时，可通过单击来选取多个对象；选择对象后，右击将弹出带有最常用草图命令的快捷键。

　　（3）滚动鼠标中键，可以缩放模型（该功能对所有模块都适用）：向前滚，模型变大；向后滚，模型变小。

　　（4）按住鼠标中键并移动鼠标，可旋转模型（该功能对所有模块都适用）。

　　（5）先按住【Shift】键，然后按住鼠标中键，移动鼠标可移动模型（该功能对所有模块都适用）。

　　进入草图环境后，屏幕上会出现绘制草图时所需的"草图工具"工具条，如图 2.1.1 所示。

图 2.1.1　"草图工具"工具条

　　说明："草图工具"工具条中的按钮根据其功能可分为三部分——"绘制"部分、"约束"部分和"编辑"部分。本节将重点介绍"绘制"部分的按钮功能，其余部分的功能在后续介绍。

　　图 2.1.1 所示的"草图工具"工具条中"绘制"和"编辑"部分按钮的说明如表2.1.1 所示。

表 2.1.1 "草图工具"工具条中"绘制"和"编辑"部分按钮的说明

图标	名称	说明
	轮廓	单击该按钮,可以创建一系列相连的直线或线串模式的圆弧,即上一条曲线的终点作为下一条曲线的起点
	直线	绘制直线
	圆弧	绘制圆弧
	圆	绘制圆
	圆角	在两曲线间创建圆角
	倒斜角	在两曲线间创建倒斜角
	矩形	绘制矩形
	多边形	绘制多边形
	艺术样条	通过定义点或者极点来创建样条曲线
	拟合样条	通过已经存在的点创建样条曲线
	椭圆	根据中心点和尺寸创建椭圆
	二次曲线	创建二次曲线
	点	绘制点
	偏直曲线	偏直位于草图平面上的曲线链
	派生直线	单击该按钮,则可以从已存在的直线复制得到新的直线

2.1.2　草图绘制

1. 绘制轮廓线

要绘制轮廓线，则进入草图绘制环境后，在功能区"主页"选项卡的"曲线"面板中单击"轮廓"按钮，打开图 2.1.2 所示的"轮廓"对话框，该对话框提供了轮廓的对象类型和相应的输入模式（坐标模式和参数模式）。利用"轮廓"功能，可以以线串模式创建一系列连接的直线和圆弧（包括直线和圆弧的组合），如图 2.1.3 所示。注意：上一段曲线的终点变为下一段曲线的起点。在绘制轮廓线的直线段或圆弧段时，可以在"坐标模式"和"参数模式"之间自由切换。

绘制轮廓线

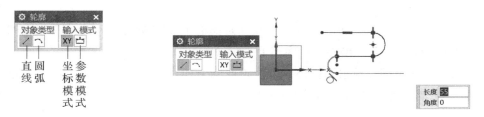

图 2.1.2　"轮廓"对话框　　　　图 2.1.3　绘制轮廓线

2. 绘制直线

在"草图工具"工具栏中单击图标，将打开"直线"对话框。可以指定直线的起点、终点参数，如图 2.1.4 所示。

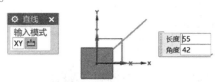

图 2.1.4　绘制直线

3. 绘制矩形

在"草图工具"工具栏中单击图标，打开直"矩形"对话框。创建矩形主要有"指定两点画矩形""指定三点画矩形"和"指定中心画矩形"3 种方法。

（1）指定两点画矩形：①单击"矩形"对话框中的图标；②依次指定矩形的两个对角点，或指定矩形的一个角点，然后输入矩形的长和宽，完成矩形绘制，如图 2.1.5 所示。

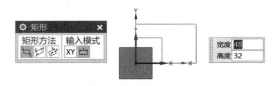

图 2.1.5　绘制两点矩形

（2）指定三点画矩形：①单击"矩形"对话框中的图标；②依次指定矩形的三个对角点定矩形的一个角点，然后输入矩形的长、宽和倾斜角度，完成矩形绘制，如图 2.1.6 所示。

（3）指定中心画矩形：①单击"矩形"对话框中的图标；②依次指定矩形的中心点，然后输入矩形的长、宽和倾斜角度，完成矩形绘制，如图 2.1.7 所示。

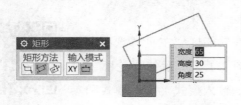

图 2.1.6　绘制三点矩形

图 2.1.7　绘制给定中心矩形

4. 绘制圆

在"草图工具"工具栏中单击图标 ○，弹出"圆"对话框。创建圆轮廓主要有"圆心及直径"和"指定三点"两种方法。

（1）圆心和直径定圆：①单击"圆"对话框中的图标 ⊙，在绘图区指定圆心；②输入直径数值，完成绘制圆操作，如图 2.1.8 所示。

（2）三点定圆：单击图标 ○，依次拾取圆上的 3 个点（也可以拾取 2 个点，输入直径数值），完成绘制圆操作，如图 2.1.9 所示。

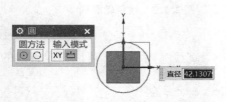

图 2.1.8　圆心和直径定圆

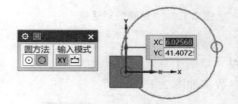

图 2.1.9　三点定圆

5. 绘制圆弧

在"草图工具"中单击图标 ⌒，打开"圆弧"对话框。创建圆弧轮廓主要有"指定圆弧中心与端点"和"指定三点"两种方法。

（1）三点定圆弧：①在"圆弧"对话框中单击图标 ⌒；②依次拾取起点、终点和圆弧上一点（或拾取两个点并输入直径），完成圆弧的创建，如图 2.1.10 所示。

（a）　　　　　　　　　　　　　　　（b）

图 2.1.10　三点定圆弧

（2）指定中心和端点定圆弧：①单击"圆弧"对话框中图标 ⌒；②依次指定圆心、端点和扫掠角度，完成圆弧绘制，如图 2.1.11（a）所示。另外，还可以通过在文本框中输入半径数值来确定圆弧的大小，如图 2.1.11（b）所示。

（a）

图2.1.11　指定中心和端点定圆弧

6. 绘制派生直线

派生直线有3个用途：①创建某一直线的平行线；②创建某两条平行直线的平行且平分线；③创建某两条不平行直线的角平分线。

（1）用于创建某一直线的平行线：单击草图工具中的"派生直线"图标▷，单击直线后拖动或输入偏置数值并按【Enter】键，得到如图2.1.12（a）所示的结果（可以连续做多条距离不同的平行线）。

（2）用于创建某两条平行直线的平行且平分线：单击草图工具中的"派生直线"图标▷，依次单击直线两条平行线拖动或输入长度数值并按【Enter】键，得到如图2.1.12（b）所示的结果。

（3）用于创建某两条不平行直线的角平分线：单击草图工具中的"派生直线"图标▷，依次单击直线两条直线拖动或输入长度数值并按【Enter】键，得到如图2.1.12（c）所示的结果。

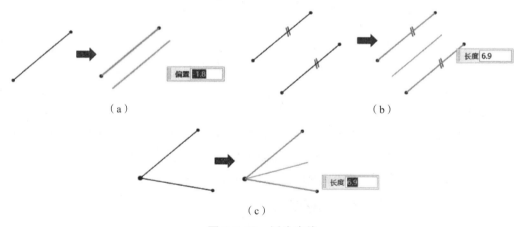

图2.1.12　派生直线

7. 绘制多边形

在"草图工具"中单击图标⊙，打开"多边形"对话框。创建多边形主要有"指定中心点、边数、内切圆半径和旋转角度""指定中心点、边数、外接圆半径和旋转角度"和"指定中心点、边数、边长和旋转角度"3种方法。接下来，以正五边形为例，介绍创建多边形的方法。

（1）内切圆半径：①指定多边形的中心点位置；②输入多边形边数；③在大小下拉列表中选择内切圆半径，然后输入内切圆半径的大小及多边形的旋转角度或输入多边形的边的中点坐标，按【Enter】键完成内切圆半径多边形的绘制，如图2.1.13（a）所示。

（2）外接圆半径：①指定多边形的中心点位置；②输入多边形边数；③在大小下拉列表中选择外接圆半径，然后输入外接圆半径的大小及多边形的旋转角度或输入多边形的角点

坐标，按【Enter】键完成外接圆半径多边形的绘制，如图 2.1.13（b）所示。

（3）给定边长：①指定多边形的中心点位置；②输入多边形边数；③在大小下拉列表中选择边长，然后输入边长的大小及多边形的旋转角度或输入多边形的角点坐标，按【Enter】键完成给定边长多边形的绘制，如图 2.1.13（c）所示。

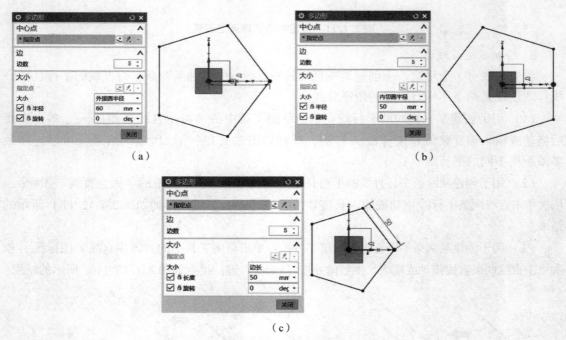

（a）　　　　　　　　　　　　　（b）

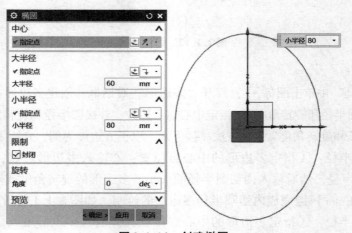

（c）

图 2.1.13　创建多边形

8. 绘制椭圆和椭圆弧

1）椭圆

在"草图工具"工具栏中单击图标⊕，打开"椭圆"对话框，可以在该对话框中指定椭圆中椭圆的大半径、椭圆的小半径和椭圆的旋转角度，在"限制"选项组勾选"封闭"复选框，按【Enter】键完成椭圆的绘制，如图 2.1.14 所示。

图 2.1.14　创建椭圆

2）椭圆弧

在"草图工具"工具栏中单击图标 ⊕，打开"椭圆"对话框，可以在该对话框中指定椭圆中心点、椭圆的大半径、椭圆的小半径和椭圆的旋转角度，在"限制"选项组将"封闭"复选框的勾选去掉，输入椭圆的起始角和终止角，按【Enter】键完成椭圆弧的绘制，如图 2.1.15 所示。

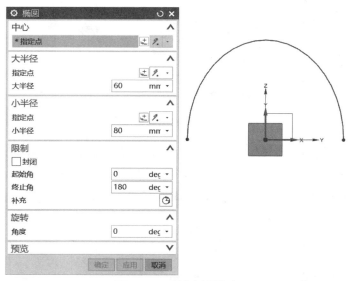

图 2.1.15　创建椭圆弧

2.1.3　草图的编辑

1. 绘制圆角

利用"圆角"命令，可以在两条或三条曲线之间倒圆角，包括"修剪倒圆角""不修剪倒圆角"和"删除第三条曲线倒圆角"3 种方法。

（1）修剪倒圆角：①单击"圆角"图标，弹出"创建圆角"对话框；②单击"创建圆角"对话框中的按钮 ⌐ ，依次选取要倒圆角的两条曲线，在文本框中输入半径值，按【Enter】键，完成倒圆角操作，如图 2.1.16 所示。

圆角

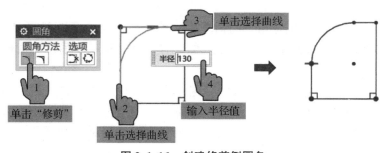

图 2.1.16　创建修剪倒圆角

（2）不修剪倒圆角：①单击"圆角"图标，弹出"创建圆角"对话框；②单击"创建圆角"对话框中的按钮，依次选取要倒圆角的两条曲线，在文本框中输入半径值，按【Enter】键，完成倒圆角操作，如图 2.1.17 所示。

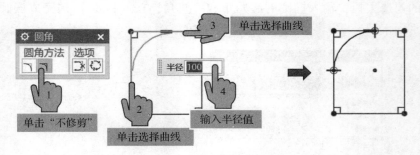

图 2.1.17 创建不修剪倒圆角

（3）删除第三条曲线倒圆角：此方法可以选择 3 条曲线进行倒圆角，其中第三条曲线为圆角的切线并会被删除。①单击"圆角"图标，弹出"创建圆角"对话框；②单击"删除第三条曲线"按钮，依次选取需要形成圆角的三条曲线，完成倒圆角操作，如图 2.1.18 所示。

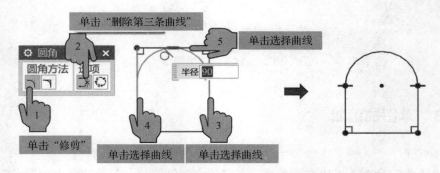

图 2.1.18 创建删除第三条曲线倒圆角

说明：选取曲线顺序不同，生成的圆弧也不相同。

2. 绘制倒斜角

倒斜角

利用"倒斜角"命令，可以在两条曲线之间倒斜角，包括对称倒斜角、非对称倒斜角、偏置和角度倒斜角 3 种方法。

（1）对称倒斜角：①单击"倒斜角"图标，弹出"倒斜角"对话框；②在"倒斜角"对话框中，偏置栏"倒斜角"选项选"对称"，"距离"选项输入具体数值，按回车键，依次选取要倒斜角的两条曲线，完成倒斜角操作，如图 2.1.19 所示。

（2）非对称倒斜角：①单击"倒斜角"图标，弹出"倒斜角"对话框；②在"倒斜角"对话框中，偏置栏"倒斜角"选项选"非对称"，"距离 1"选项输入具体数值后勾选前面复选框以锁定距离，"距离 2"选项输入具体数值后勾选前面复选框以锁定距离，依次选取要倒斜角的两条曲线，完成倒斜角操作，如图 2.1.20 所示。

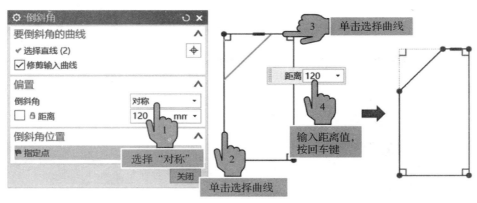

图 2.1.19　创建对称倒斜角

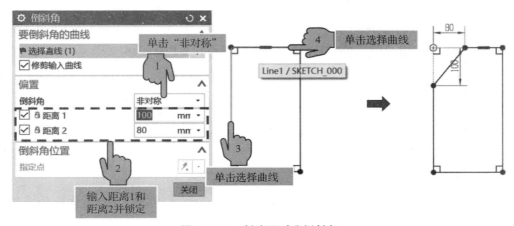

图 2.1.20　创建不对称倒斜角

（3）偏置和角度倒斜角：①单击"倒斜角"图标，弹出"倒斜角"对话框；②在"倒斜角"对话框中，偏置栏"倒斜角"选项选"偏置和角度"，"距离"选项输入具体数值后锁定距离勾选，"角度"选项输入具体数值后锁定距离勾选，依次选取要倒斜角的两条曲线，完成倒斜角操作，如图2.1.21所示。

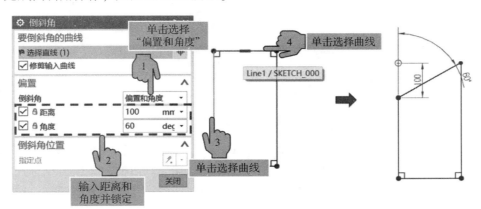

图 2.1.21　创建偏置和角度倒斜角

3. 制作拐角

利用"制作拐角"命令，可以将两条曲线之间的尖角连接。长的部分自动裁掉，短的部分自动延伸。

（1）单击"倒斜角"图标 ，弹出"倒斜角"对话框；

（2）依次选取要制作拐角的两条曲线，完成两条曲线制作拐角操作，再依次选两条曲线，完成两条曲线制作拐角操作，如图 2.1.22 所示。

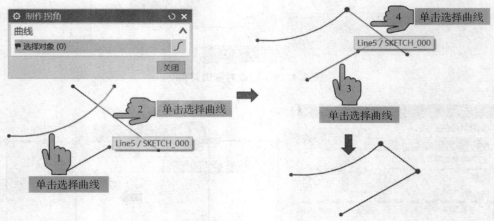

图 2.1.22　制作拐角

注意：单击曲线的位置不同，结果会有所不同。

4. 快速修剪草图

利用"快速修剪"命令，可以以任意方向将曲线修剪至最近的交点或选定的边界，主要有"单独修剪""统一修剪"和"边界修剪"3 种方法。

（1）单独修剪：修剪选择的单条曲线。①单击"快速修剪"图标 ，弹出"快速修剪"对话框；②依次选取要修剪的曲线，系统将根据被修剪元素与其他元素的分段关系自动完成修剪操作，如图 2.1.23 所示。

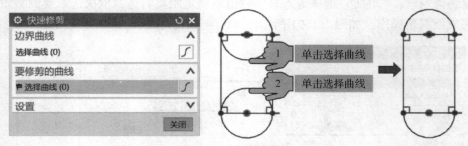

图 2.1.23　单独修剪

（2）统一修剪：统一修剪可以绘制出一条曲线链，然后将与曲线链相交的曲线部分全部修剪。①单击"快速修剪"图标 ，弹出"快速修剪"对话框；②按住鼠标左键不放，拖过需要修剪的曲线元素，系统将自动把被拖过的曲线修剪到最近的交点，如图 2.1.24 所示。

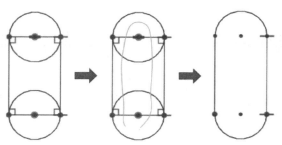

图 2.1.24　统一修剪

（3）边界修剪：边界修剪可以选取任意曲线为边界曲线，被修剪对象在边界内的部分将被修剪，而边界以外的部分不会被修剪。①单击"快速修剪"图标↙，打开"快速修剪"对话框；②单击"边界曲线"选项组中的按钮∫，依次拾取边界；③单击"要修剪的曲线"选项组中的按钮∫，选取需要修剪的对象，如图 2.1.25 所示。

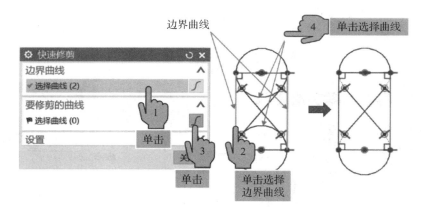

图 2.1.25　边界修剪

5. 快速延伸草图编辑

快速延伸草图是指将草图元素延伸到另一临近曲线或选定的边界线处。"快速延伸"工具与"快速修剪"工具的使用方法相似，主要有"单独延伸""统一延伸"和"边界延伸"3 种方法。

（1）单独延伸：延伸选择的单条曲线。①单击"快速延伸"图标↗，弹出"快速延伸"对话框；②直接拾取要延伸的曲线元素，系统将根据需要延伸的元素与其他元素的距离关系自动判断延伸方向，并完成延伸操作，如图 2.1.26（a）所示。

（2）统一延伸：通过曲线链的方式同时延伸多条曲线。①单击"快速延伸"按钮↗，打开"快速延伸"对话框；②按住鼠标左键拖过需要延伸的曲线，即可完成延伸操作，如图 2.1.26（b）所示。

（3）边界延伸：指定延伸边界后，被延伸元素将延伸到边界处。①单击"快速延伸"图标↗，打开"快速延伸"对话框；②单击"边界曲线"选项组中的按钮∫，依次拾取边界曲线 1、2；③单击"要延伸的曲线"选项组中的按钮∫，选取需要延伸的曲线 3、4，即可完成延伸操作，如图 2.1.26（c）所示。

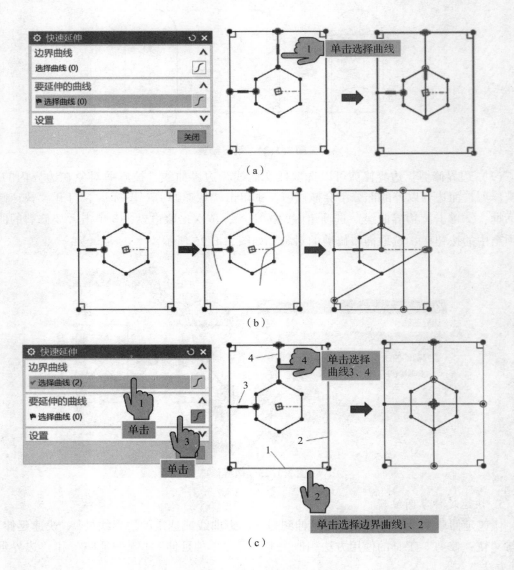

图 2.1.26　快速延伸

（a）单独延伸；（b）统一延伸；（c）边界延伸

6. 镜像曲线

镜像曲线

镜像曲线是指将草图几何对象以指定的一条直线为对称中心线，镜像复制成新的草图对象。镜像的对象与原对象形成一个整体，并且保持相关性。

（1）单击"草图工具"工具栏中的图标 ，弹出"镜像曲线"对话框。

（2）先选择镜像中心线，再选择要镜像的草图对象。

（3）单击"应用"或"确定"按钮，完成镜像复制，如图 2.1.27 所示。

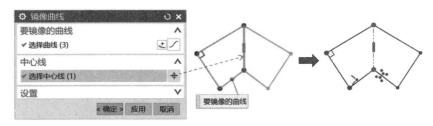

图 2.1.27　镜像曲线

7. 偏置曲线

偏置曲线是指对草图平面内的曲线或曲线链进行偏置，并对偏置生成的曲线与原曲线进行约束。偏置曲线与原曲线具有关联性，即对原曲线进行的编辑修改，所偏置的曲线也会自动更新。

偏置曲线

（1）单击"草图工具"栏中的"偏置曲线"图标⬭，弹出"偏置曲线"对话框。

（2）选择需偏置的曲线，系统会自动预览偏置结果，如有必要，单击"偏置曲线"对话框中的反向按钮 ✕，可以使偏置方向反向。

（3）在"偏置曲线"对话框中"偏置"选项组的"距离"文本框中输入偏置距离，或拖动图中的箭头，单击该对话框中的"应用"或"确定"按钮，如图 2.1.28 所示，说明：在"偏置曲线"对话框中"偏置"选项组的"副本数"文本框中输入不同的数字，可以同时偏置多条曲线。

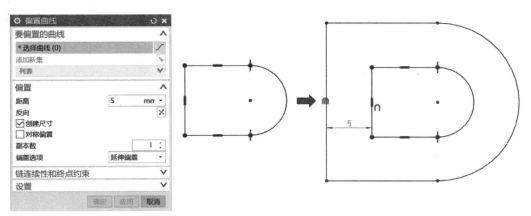

图 2.1.28　曲线偏置

8. 阵列曲线

阵列曲线是指将草图几何对象以某一规律复制出多个新的草图对象。阵列的对象与原对象形成一个整体，当草图自动创建尺寸、自动判断约束时，阵列的对象与原对象保持相关性。阵列曲线的布局形式主要有 3 种——线性阵列、圆形阵列、常规阵列，如图 2.1.29 所示。

阵列曲线

（1）线性阵列：①单击"草图工具"栏中的图标 ⛬，弹出"阵列曲线"对话框；②在"阵列曲线"对话框"阵列定义"选项组的"布局"下拉列表中选"线性"；③选择需阵列

的曲线；④在"方向1"选项组中，点选X坐标轴（或直线），在"数量"和"节距"文本框中输入相应的值；⑤在"方向2"选项组中，点选Y坐标轴（或直线），在"数量"和"节距"文本框中输入相应的值；⑥单击"应用"或"确定"按钮，完成线性阵列，如图2.1.30所示。

图2.1.29　"阵列曲线"对话框　　　　　　图2.1.30　线性阵列

（2）圆形阵列：①单击"草图工具"栏中的图标 ，弹出"阵列曲线"对话框；②在"阵列曲线"对话框"阵列定义"选项组的"布局"下拉列表中选"圆形"；③选择需阵列的曲线；④指定旋转点；⑤在"角度方向"选项组中，在"数量"和"节距角"文本框中输入相应的值；⑥单击"应用"或"确定"按钮，完成圆形阵列，如图2.1.31所示。

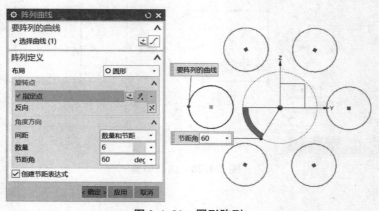

图2.1.31　圆形阵列

（3）常规阵列：①利用"草图工具"中的画圆和画点命令画一个圆和若干点；②单击"草图工具"栏中的图标 ，弹出"阵列曲线"对话框；③在"阵列曲线"对话框"阵列定义"选项组中的"布局"下拉列表中选"常规"；④选择需阵列的曲线（小圆）；⑤指定阵列的基准点（小圆的圆心）；⑥选择阵列的位置点，依次选取事先画好的各点；⑦单击"应用"或"确定"按钮，完成常规阵列，如图2.1.32所示。

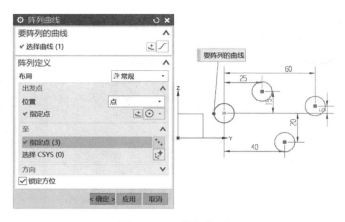

图 2.1.32　常规阵列

9. 投影曲线

投影曲线是指将能够抽取的对象（关联和非关联曲线、点或捕捉点，包括直线的端点以及圆弧和圆的中心）沿垂直于草图平面的方向投影到草图平面上。选择要投影的曲线或点，系统将曲线从选定的曲线、面或边上投影到草图平面或实体曲面上，成为当前草图对象。①在"草图工具"工具栏中单击图标，弹出"投影曲线"对话框；②单击圆柱和五棱柱的实体边界线；③单击"应用"或"确定"按钮，如图 2.1.33 所示。

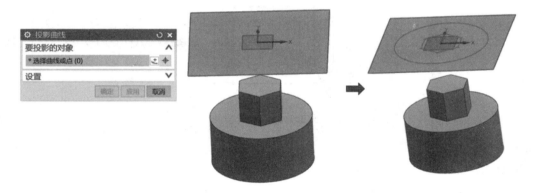

图 2.1.33　投影曲线

10. 转换至/自参考对象

转换至/自参考对象是指将某个草图中的曲线转换成参考线，草图转换成参考线后，不参与实体特征造型。①在"草图工具"中单击图标，弹出"转换至/自参考对象"对话框；②单击某曲线；③单击"应用"或"确定"按钮，该曲线被转换成参考线，如图 2.1.34 所示。

该垫板零件可以通过多种方法完成，为了练习应用更多的草图绘制命令，本例题的绘制思路如图 2.1.35 所示。

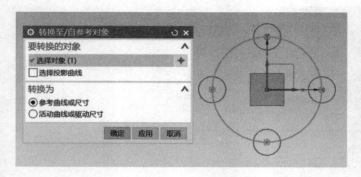 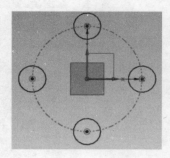

图 2.1.34　转换至/自参考对象

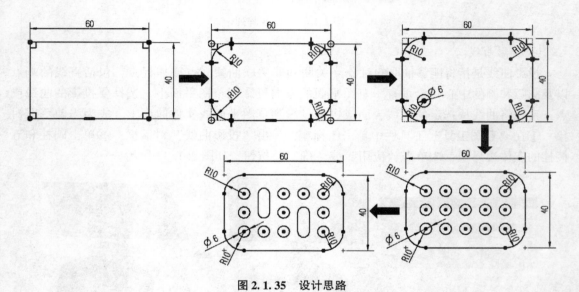

图 2.1.35　设计思路

任务实施

步骤 1：新建"垫板"文件。

执行"菜单"→"插入"→"在任务环境中绘制草图"，进入草图界面。

步骤 2：绘制矩形。

单击"矩形"按钮，选择草图原点，分别输入宽度为 60 和高度为 40，然后在绘图区单击鼠标左键，完成矩形绘制，如图 2.1.36 所示。

步骤 3：绘制圆角。

单击"圆角"命令，输入圆角半径 10，然后分别单击要倒圆角的曲线，完成 4 个圆角的绘制，如图 2.1.37 所示。

步骤 4：绘制圆 $\phi6$。

单击"圆"命令，选择左下角圆角的圆心作为 $\phi6$ 圆的圆心，输入直径为 6，完成圆的绘制，如图 2.1.38 所示。

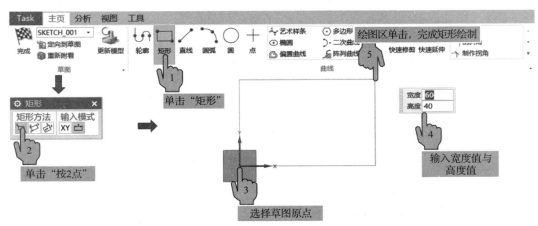

图 2.1.36 绘制矩形

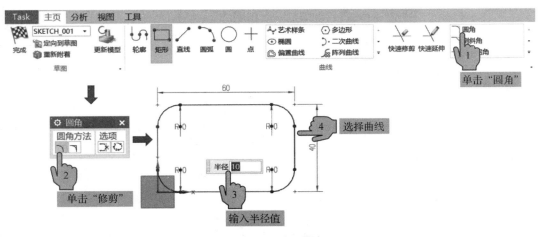

图 2.1.37 绘制圆角

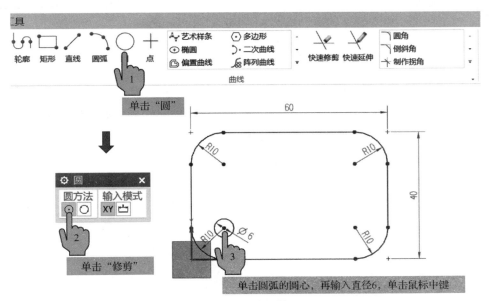

图 2.1.38 绘制圆 $\phi6$

步骤 5：线性阵列 $\phi 6$ 圆。

单击"阵列"命令，阵列对象小圆，布局选"线性"阵列；方向 1 选矩形下水平线或 X 轴（根据箭头判断是否反向），数量为 5，节距为 10 mm；方向 2 选矩形做竖直线或 Y 轴，数量为 3，跨距为 20 mm，如图 2.1.39 所示。

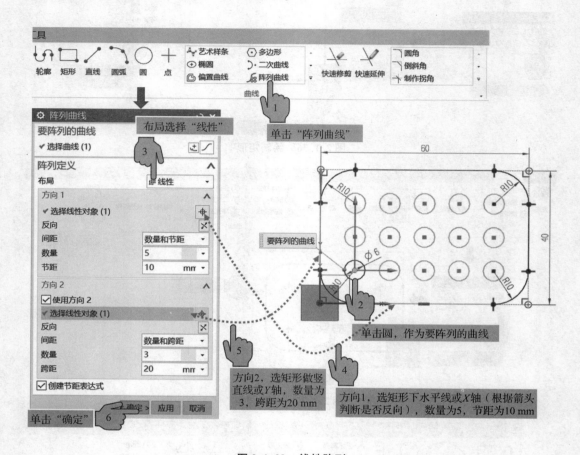

图 2.1.39　线性阵列

步骤 6：创建直线与快速修剪。

单击"直线"命令，将象限点打开，分别捕捉小圆的象限点绘制直线，单击鼠标中键，完成直线绘制，如图 2.1.40 所示。

单击"快速修剪"命令，选择要修剪的圆弧，单击鼠标中键，完成绘制，如图 2.1.41 所示。

步骤 7：单击完成图标 🏁，并保存文件。

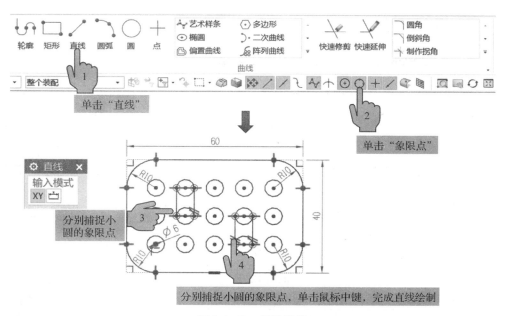

图 2.1.40 创建直线

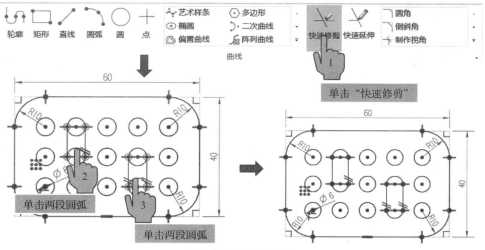

图 2.1.41 快速修剪

考核评价

学生姓名			组名			班级		
小组成员								
考评项目		分值	要求		学生自评	小组互评		教师评定
知识能力	识图能力	5	正确性					
	菜单命令	10	正确率、熟练程度					
	建模思路	20	合理性、多样性					
	产品建模	40	合理性、正确性、简洁性					
	问题与解决	10	解决问题的方式与成功率					
职业素养	文明上机	5	卫生情况与纪律					
	团队协作	5	相互协作、互帮互助					
	工作态度	5	严谨认真					
成绩评定		100						
心得体会								
巩固提升			完成下图所示垫板的绘制					

任务 2.2　钩子的草图设计

学习任务		钩子的草图设计			
姓名		学号		班级	
任务目标	知识目标	• 掌握草图的约束命令及使用方法 • 掌握草图管理方法			
	能力目标	• 能够正确操作草图的约束命令 • 能够正确进行草图的管理			
	素质目标	• 培养创新意识与创新精神 • 培养认真严谨的工匠精神			
任务描述		完成下图所示钩子二维草图的绘制			
学习笔记					

任务分析

绘制二维草图时，按照工程制图的要求，首先对图形进行线段和尺寸分析，然后根据定形尺寸和定位尺寸判断出已知线段、中间线段和连接线段。在绘制时，先绘制已知线段，再绘制中间线段，最后连接线段，完成图形。

分析该钩子的平面图形，线段类型如下：

（1）已知线段：钩柄部分的直线和钩子弯曲中心部分的 $\phi 100$、$R40$ 圆弧。

（2）中间线段：钩尖部分的 $R20$、$R30$ 圆弧。

（3）连接线段：钩尖部分的圆弧 $R4$，钩柄部分的过渡圆弧 $R40$、$R60$。

知识链接

2.2.1 草图几何约束

几何约束

草图约束主要包括几何约束和尺寸约束两种类型。几何约束用来定位草图对象和确定草图对象之间的相互关系，尺寸约束用来驱动、限制和约束草图几何对象的大小和形状。

草图几何约束指定并维持草图几何图形（或草图几何图形之间）的条件，如平行、竖直、重合、同心、共线、水平、正交（垂直）、相切、中点、等长、等半径和点在曲线上等。与几何约束相关的工具按钮如表 2.2.1 所示，这些工具按钮位于"约束"面板中，如图 2.2.1 所示。

表 2.2.1　与几何约束相关的工具按钮

按钮	名称	功能
//⊥	几何约束	将几何约束添加到草图几何图形中，这些约束指定并保持用于草图几何图形或草图几何图形之间的条件
⚓	自动约束	设置自动应用到草图的几何约束类型
✓⊥	显示草图约束	设置是否显示活动草图的几何约束
✗	显示/移除约束	显示与选定的草图几何图形关联的几何约束，并移除所有这些约束或列出信息
⫤	备选解	提供备选尺寸或几何约束解算方案
✗	自动判断约束和尺寸	控制哪些约束或尺寸在曲线构造过程中被自动判断
📐	创建自动判断约束	在曲线构造过程中启用自动判断约束
🔛	设为对称	将两个点（或曲线）约束为相对于草图上的对称线对称

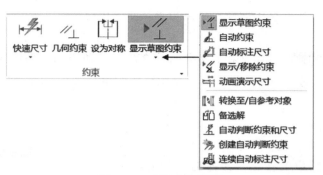

图 2.2.1　"约束"面板

1. 几何约束类型

几何约束用于定位草图对象和确定草图对象之间的相互几何关系。在 UG 中，系统提供了 20 种类型的几何约束。根据不同的草图对象，可添加不同的几何约束类型。几何约束的主要类型如下：

➤ 重合：定义两个或两个以上的点互相重合，这里的点既可以是草图中的点对象，也可以是其他草图对象的关键点（如端点、控制点、圆心等）。

✛ 点在曲线上：定义选取的点在某条曲线上，该点可以是草图的点对象或其他草图元素的关键点（如端点、圆心）。

✑ 相切：定义两个草图元素相切。

// 平行：定义两条曲线相互平行。

┖ 垂直：定义两条曲线相互垂直。

➡ 水平：定义直线为水平直线，即与草图坐标系 XC 轴平行。

♦ 竖直：定义直线为竖直线，即与草图坐标系 YC 轴平行。

➕ 中点：定义点在直线（或圆弧）的中点上。

\\\\ 共线：定义两条或多条直线共线。

◎ 同心：定义两个或两个以上的圆弧或椭圆弧的圆心相互重合。

＝ 等长：定义两条或多条曲线等长。

≈ 等半径：定义两个或两个以上的圆弧或圆半径相等。

⏋ 固定：将草图对象固定到当前所在的位置。一般在几何约束的开始，需要利用该约束固定一个元素作为整个草图的参考点。

⚡ 完全固定：添加约束后，所取的草图对象将不再需要任何约束。

∠ 定角：定义一条或多条直线与坐标系的角度是固定的。

↔ 定长：定义选取的曲线元素的长度是固定的。

⏋ 点在线串上：约束一个顶点或点，使之位于（投影的）曲线串上。

↔ 非均匀比例：定义样条曲线的两个端点在移动时，样条曲线形状发生改变。

↕ 均匀比例：定义样条曲线的两个端点在移动时，保持样条曲线的形状不变。

曲线的斜率：定义样条曲线过一点与一条曲线相切。

2. 添加几何约束

在二维草图中，添加几何约束主要有两种方法：手动添加几何约束；自动产生几何约束。在添加几何约束时，一般要先单击"显示草图约束"按钮▶，则二维草图中存在的所有约束都显示在图中。

1）手工添加约束

在草图任务环境功能区"主页"选项卡的"约束"面板中单击"几何约束"按钮，弹出"几何约束"对话框，如图 2.2.2 所示。在"约束"选项组中单击所需的几何约束按钮，然后选择要约束的几何体，需要时单击"选择要约束到的对象"按钮并从图形窗口中选择要约束到的对象，然后单击"关闭"按钮。如果在选择要约束的几何体之前勾选"自动选择递进"复选框，那么在选择要约束的对象后，系统自动切换至"选择要约束到的对象"状态，此时可直接在图形窗口中选择要约束到的对象，操作效率提高。

图 2.2.2 "几何约束"对话框

例如，要为两个圆应用相切约束，那么在单击"几何约束"按钮弹出"几何约束"对话框后，从"约束"选项组中单击"相切"按钮，以及在"要约束的几何体"选项组中勾选"自动选择递进"复选框，接着选择其中一个圆作为要约束的对象，再选择另一个圆作为要约束到的对象，然后单击"关闭"按钮。将两个圆约束为相切的操作示例，如图 2.2.3 所示。

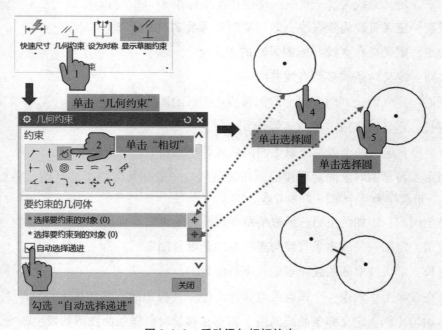

图 2.2.3 手动添加相切约束

2）自动约束

自动约束即自动施加几何约束，是指用户先设置一些要应用的几何约束后，系统根据所选草图对象自动施加其中合适的几何约束。在功能区"主页"选项卡的"约束"面板中单击"自动约束"按钮，打开图 2.2.4 所示的"自动约束"对话框，在"要施加的约束"选项组中选择可能要应用的几何约束，如勾选"水平""竖直""相切""平行""垂直""等半径"复选框等，并在"设置"选项组中设置距离公差和角度公差等，在选择要约束的曲线后，单击"应用"按钮或"确定"按钮，系统将分析活动草图中选定的曲线，自动在草图对象的适当位置应用施加约束。

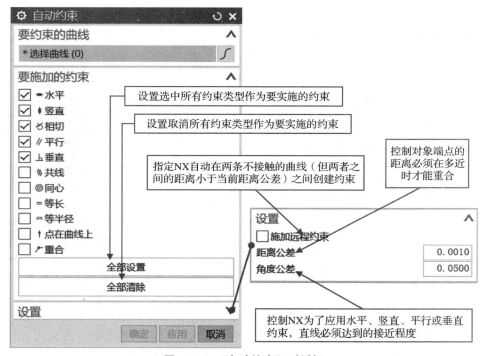

图 2.2.4 "自动约束"对话框

3. 自动判断约束/尺寸

可以设置自动判断约束/尺寸，以控制哪些约束（或尺寸）在曲线构建过程中被自动判断，即设置自动判断约束和尺寸的一些默认选项，这些默认选项将在创建自动判断约束和尺寸时起作用。

在"约束"面板中单击"自动判断约束和尺寸"按钮，打开图 2.2.5 所示的"自动判断约束和尺寸"对话框，在该对话框中设置要自动判断和施加的约束，设置由捕捉点识别的约束，以及定制绘制草图时自动判断尺寸规则等，然后单击"确定"按钮。

设置自动判断的约束类型后，可在"约束"面板中设置"创建自动判断约束"按钮处于被选中的状态，如图 2.2.6 所示，表示在曲线构造过程中启用自动判断约束功能。

4. 备选解

在草图设计过程中，有时当指定一个约束类型后，可能存在满足当前约束条件的多种解。例如，绘制一个圆和一条竖直直线相切，圆与该直线相切就存在着两种情况：圆既可以

图 2.2.5　"自动判断约束和尺寸"对话框

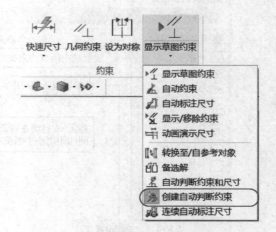

图 2.2.6　默认启用自动判断约束

在直线左边与直线相切，也可以在直线右边与直线相切。创建约束时，系统会自动选择其中一种解，把约束显示在绘图窗口中。如果默认的约束解不是所需的解，那么可以使用系统提供的"备选解"命令功能，将约束解切换成所需的其他约束解。

要使用"备选解"命令功能，则在"约束"面板中单击"备选解"按钮⟨⟨，系统弹出图 2.2.7 所示的"备选解"对话框，接着在提示下指定对象 1（需要时可指定对象 2）来切换约束解。

图 2.2.8 所示为备选解的操作示例。首先绘制没有相切约束的一条直线和圆，如图 2.2.8（a）所示；接着单击"几何约束"按钮⊥，打开"几何约束"对话框，从中单击"相切"按钮⟨，以自动选择递进的方式分别选择直线和圆，从而获得图 2.2.8（b）所示的默认相切效果；在功能区的"约束"面板中单击"备选解"按钮⟨⟨，打开"备选解"对话框，选择其中一个对象（如直线），即可切换约束解，如图 2.2.8（c）所示。

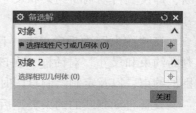

图 2.2.7　"备选解"对话框

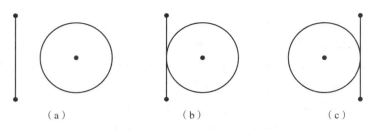

图 2.2.8 备选解操作示例：直线与圆相切

5. 显示/移除约束

"显示/移除约束"主要用来查看现有的几何约束，设置查看的范围、查看类型和列表方式，以及移除不需要的几何约束。

在"约束"面板中单击"显示草图约束"按钮，将显示施加到草图上的所有几何约束。然后单击"显示/移除约束"按钮，系统弹出"显示/移除约束"对话框，如图 2.2.9 所示。

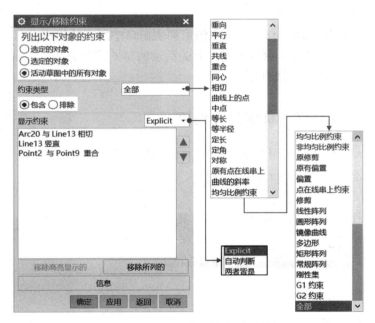

图 2.2.9 "显示/移除约束"对话框

对图 2.2.9 所示的"显示/移除约束"对话框中各选项的用法说明如下。

"列出以下对象的约束"区域：控制在显示约束列表窗口中要列出的约束。它包含了三个单选项。

"选定的对象"单选项：允许每次仅选择一个对象。选择其他对象将自动取消选择在之前选定的对象。该窗口显示了与选定对象相关的约束。这是默认设置。

"选定的对象"单选项：可选择多个对象，选择其他对象不会取消选择在之前选定的对象，它允许用户选取多个草图对象，在约束列表框中显示它们所包含的几何约束。

"活动草图中的所有对象"单选项：在约束列表框中列出当前草图对象中的所有约束。

"约束类型"下拉列表：过滤在下拉列表中显示的约束类型。当选择此下拉列表时，系统会列出可选的约束类型（图2.2.9），用户从中选择要显示的约束类型名称即可。在它的"包含"和"排除"两个单选项中只能选一个，通常都选中"包含"单选项。

"显示约束"下拉列表：控制显示约束列表窗口中是显示指定类型的约束，还是显示指定类型以外的所有其他约束。该下拉列表用于显示当前选定的草图几何对象的几何约束。当在该列表框中选择某约束时，约束对应的草图对象在图形区中会高亮显示，并显示出草图对象的名称。列表框右边的上下箭头是用来按顺序选择约束的。"显示约束"下拉列表包含了三种选项。

Explicit：显示所有由用户显示或非显示创建的约束，包括所有非自动判断的重合约束，但不包括所有系统在曲线创建期间自动判断的重合约束。

自动判断：显示所有自动判断的重合约束，它们是在曲线创建期间由系统自动创建的。

两者皆是：包括 Explicit 和自动判断两种类型的约束。

"移除高亮显示的"按钮：用于移除一个或多个约束，方法是在约束列表窗口中选择需要移除的约束，然后单击此按钮。

"移除所列的"按钮：用于移除显示在约束列表窗口中所有的约束。

"信息"按钮：在"信息"窗口中显示有关活动的草图的所有几何约束信息。如果要保存或打印出约束信息，该选项很有用。

尺寸标注

2.2.2　草图尺寸约束

尺寸约束用于确定草图曲线的形状大小和放置位置，包括水平尺寸、竖直尺寸、平行尺寸、垂直尺寸、角度尺寸、直径尺寸、半径尺寸和周长尺寸。

用于进行草图尺寸约束的菜单命令及其工具按钮如图2.2.10所示。

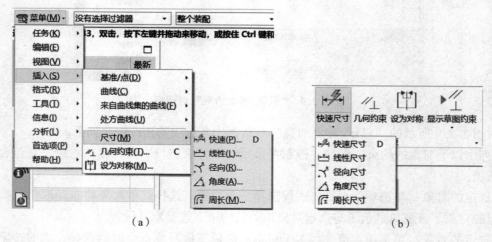

（a）　　　　　　　　　　　　　　　　（b）

图 2.2.10　草图尺寸约束的菜单命令及其工具按钮

（a）尺寸的菜单命令；（b）"约束"面板中的尺寸约束工具

1. 自动标注尺寸

自动标注尺寸是指根据设置的规则在曲线上自动创建尺寸。

在草图任务环境下，从功能区"主页"选项卡的"约束"组中单击"自动标注尺寸"按钮 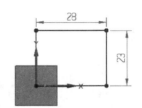，打开图 2.2.11 所示的"自动标注尺寸"对话框，选择要标注尺寸的曲线，并在"自动标准尺寸规则"选项组中设置自顶向下的相关自动标注尺寸规则优先顺序，然后单击"应用"按钮或"确定"按钮，从而在所选曲线中按照所设的规则创建自动标注的尺寸。图 2.2.12 所示的两个尺寸可以通过"自动标注尺寸"功能来创建。

图 2.2.11 "自动标注尺寸"对话框　　　图 2.2.12 示例：自动标注尺寸

2. 快速尺寸

使用"快速尺寸"按钮，可以通过基于选定的对象和光标的位置自动判断尺寸类型来创建尺寸约束。在创建快速尺寸的操作过程中，允许用户根据设计要求来自行设定尺寸类型。这是最为常用的尺寸约束工具。

在"约束"面板中单击"快速尺寸"按钮，弹出图 2.2.13 所示的"快速尺寸"对话框，从"测量"选项组的"方法"下拉列表框中选择所需的一种测量方法（如"自动判断"

图 2.2.13 "快速尺寸"对话框

"水平""竖直""点到点""垂直""圆柱坐标系""斜角""径向"和"直径"），通常将快速尺寸的测量方法设定为"自动判断"。当测量方法为"自动判断"，用户选择要标注的参考对象时，NX 会根据选定对象和光标的位置自动判断尺寸类型，接着指定尺寸原点放置位置（亦可在"原点"选项组中勾选"自动放置"复选框以实现自动放置尺寸），NX 将弹出一个尺寸表达式列表框以供用户及时修改当前尺寸值，如图 2.2.14 所示，图中的 4 个尺寸均可以采用自动判断测量方法来创建。需要注意的是：选择对象创建尺寸之前，可在"驱动"选项组中通过"参考"复选框来设置要创建的尺寸为驱动尺寸还是参考尺寸，而"设置"选项组则可以设置快速尺寸的相关样式，以及是否启用尺寸场景对话框。

说明：在添加尺寸约束时，出现的尺寸表达式列表框（显示有尺寸代号和尺寸值）用来显示尺寸约束的表达式。在右文本框中可修改尺寸值，若单击按钮图标▼，则弹出下拉菜单，如图 2.2.15 所示，利用该菜单可将当前尺寸设置为测量距离值，为该尺寸设置公式、函数等。

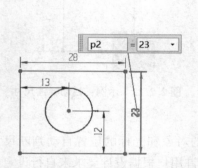

图 2.2.14　标注快速尺寸示例

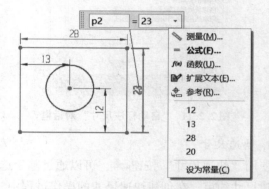

图 2.2.15　使用尺寸表达式列表框

3. 连续自动标注尺寸

在曲线构造过程中，可以启用连续自动标注尺寸。在初始默认时，系统启用连续自动标注尺寸。如果要在"草图"任务环境中关闭连续自动标注尺寸功能，那么可以在"草图"任务环境中单击"菜单"按钮，选择"任务"→"草图设置"命令，打开图 2.2.16 所示的"草图设置"对话框，注意到"连续自动标注尺寸"复选框默认处于被勾选的状态，此时清除此复选框则可关闭连续自动标注尺寸功能。另外，在功能区中的"约束"面板中也提供了"连续自动标注尺寸"按钮 ，如图 2.2.17 所示，使用此工具同样可以设置在曲线构造过程中启用或关闭连续自动标注尺寸功能。

说明：利用"草图设置"对话框，还可以设置草图中的文本高度和是否启用创建自动判断约束等。

二维草图绘制中，先绘制 $\phi40$ 与 $\phi100$ 两个圆，然后绘制钩子的上部分，最后绘制钩子的钩头部分，如图 2.2.18 所示。

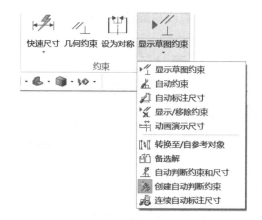

图 2.2.16　"草图设置"对话框　　　　图 2.2.17　使用连续自动标注尺寸工具

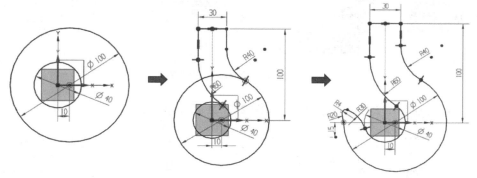

图 2.2.18　设计思路

任务实施

步骤1：新建"钩子"文件，通过"菜单"→"插入"→"在任务环境中绘制草图"进入草绘工作界面。

钩子

步骤2：绘制$\phi40$与$\phi100$的圆，如图 2.2.19 所示。

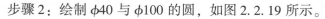

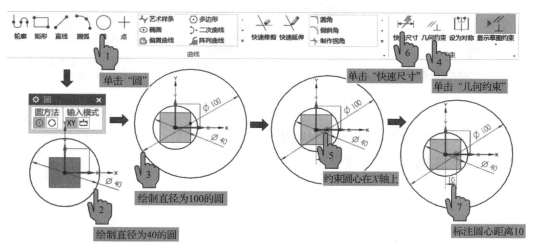

图 2.2.19　绘制 $\phi40$ 与 $\phi100$ 的圆

步骤3：绘制直线与圆弧，如图2.2.20所示。

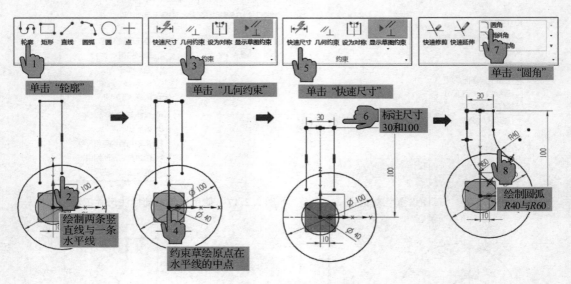

图2.2.20　绘制直线与圆弧

步骤4：绘制圆弧 *R*4、*R*20、*R*30，如图2.2.21所示。

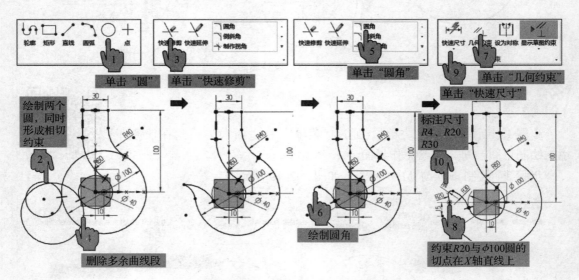

图2.2.21　绘制圆弧 *R*4、*R*20、*R*30

步骤5：单击 🏁 按钮，切换到模型界面。

步骤6：单击 🖫 按钮，保存文件。

考核评价

学生姓名		组名		班级		
小组成员						
考评项目		分值	要求	学生自评	小组互评	教师评定
知识能力	识图能力	5	正确性			
	菜单命令	10	正确率、熟练程度			
	建模思路	20	合理性、多样性			
	产品建模	40	合理性、正确性、简洁性			
	问题与解决	10	解决问题的方式与成功率			
职业素养	文明上机	5	卫生情况与纪律			
	团队协作	5	相互协作、互帮互助			
	工作态度	5	严谨认真			
成绩评定		100				
心得体会						
巩固提升	完成下图所示钩子的绘制					

完成下图所示钩子的绘制

R35
R35
35°
26
R5
R60
R50
R75
R35
62.5

提升 – 钩子

项目小结

　　本项目通过知识链接和任务实践深入浅出地介绍了 UG 软件二维草绘功能和操作知识。通过本项目的学习，掌握草图绘制的步骤及草图工作平面的选用方法。可以熟练使用"草图"中的命令：轮廓线、直线、圆、圆弧、矩形、多边形、椭圆等草图创建命令，倒圆角、倒斜角、制作拐角、快速修剪、快速延伸等草图编辑命令，曲线偏置、派生直线、阵列曲线、镜像曲线、曲线投影等曲线操作命令。掌握尺寸约束、几何约束和草图管理等知识。在任务实践方面，应注重于通过范例来体会二维图形的制作思路和步骤，学会举一反三。学习二维草绘，对学习三维建模会起到事半功倍的效果。

项目 2 习题

项目 3　零件设计

项目导读

通过对项目 1 和项目 2 的学习，学生已对 UG NX 有了基本认识，并且能够使用草图绘制的基本指令及约束进行草图绘制。在掌握草图绘制的基础上进入项目 3 的学习，掌握从简单到复杂的零件设计过程，可以达到以下目的：

（1）熟悉基本体素特征、拉伸特征、孔特征等含义和应用场合，通过各个命令能够快速创建基本特征。

（2）能够快速绘制从简单到复杂的三维模型，为后续的曲面零件设计、装配设计打下基础。

本项目包含五个任务，完成实体造型模块主要指令及功能的介绍，主要内容包括：

◆ 基本体特征。

◆ 布尔运算。

◆ 基准特征：基准点、基准轴、基准平面。

◆ 设计特征：拉伸、旋转、细节特征、阵列、拔模等。

◆ 扫掠特征：扫掠、管、抽壳等。

◆ 修剪、偏置和缩放特征：修剪体、拆分体、缩放体、偏置区域、偏置面等。

任务 3.1　轴套零件设计

学习任务		轴套零件设计			
姓名		学号		班级	
任务目标	知识目标	• 掌握基本体素特征类型、拉伸特征 • 掌握基准特征的种类与特点 • 掌握布尔运算的定义			
	能力目标	• 能够正确绘制基本体素特征 • 能够正确创建基准特征、掌握布尔运算的使用方法			
	素质目标	• 培养刻苦钻研的习惯 • 培养追求细节的工匠精神			
任务描述		完成下图所示轴套零件设计，主要涉及拉伸特征、圆柱、长方体、圆锥等基本体素特征、基准点、基准平面创建过程及布尔运算的使用			
学习笔记					

任务分析

　　轴套零件主要由圆柱体、长方体、孔和圆锥等组成，主要通过拉伸特征、基本体素特征、基准特征的创建，加上布尔运算即可快速完成零件实体建模。

知识链接

3.1.1　拉伸特征介绍

　　拉伸特征是将截面沿着草图平面的垂直方向拉伸而成的特征，它是最常用的零件建模方法。

拉伸特征

　　单击特征工具栏中拉伸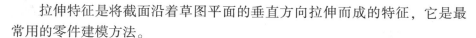按钮或选择菜单工具条中"插入"→"设计特征"→"拉伸"命令，弹出"拉伸"对话框，如图 3.1.1 所示。

　　"拉伸"对话框中各主要选项的含义如下：

　　（1）方向：用来确定拉伸方向。

　　（2）布尔：选择拉伸操作的运算方法，包括创建、合并、减去和相交运算。

　　（3）限制：包括是否对称拉伸、起始和结束值的定义。在"开始"或者"结束"下拉列表框中，可以定义开始或结束拉伸方式为"值""对称值""直至下一个""直至选定""直至延伸部分"以及"贯通"，当选择开始或者结束类型为数值型时，需要输入开始或者结束的值，单位为毫米（mm）。

　　"限制"组中，下拉列表包括 6 种拉伸控制方式。

　　①值：分别在"开始"和"结束"下面的"距离"文本框中输入具体的数值（可以为负值），以确定拉伸的深度，开始值与结束值之差的绝对值为拉伸的深度。

图 3.1.1　"拉伸"对话框

　　②对称值：将特征在截面所在平面的两侧进行拉伸，且两侧的拉伸深度值相等。

　　③直至下一个：将特征拉伸至下一个障碍物的表面处终止。

　　④直至选定：将特征拉伸到选定的实体、平面、辅助面或曲面为止。

　　⑤直至延伸部分：将特征拉伸到选定的曲面，但是选定面的大小不能与拉伸体完全相交，系统会自动按照面的边界延伸面的大小，然后切除生成拉伸体，圆柱的拉伸被选择的面（框体的内表面）延伸后切除。

　　⑥贯通：将特征在拉伸方向上延伸，直至与所有曲面相交。

　　（4）表面域驱动（用于拉伸的对象）。

　　①实体面：选取实体的面作为拉伸对象。

　　②实体边缘：选取实体的边作为拉伸对象。

③曲线：选取曲线或草图的部分线串作为拉伸对象。

④成链曲线：选取相互连接的多段曲线的其中一条，就可以选择整条曲线作为拉伸对象。

⑤片体：选取片体作为拉伸对象。

3.1.2 基本体素特征介绍

直接生成实体的方法一般称为基本体素特征，可用于创建简单形状的对象。基本体素特征包括长方体、圆柱、圆锥、球体等特征。简单的实体特征包括孔、圆形凸台、型腔、凸垫、键槽、环形槽等。由于这些特征与其他特征不存在相关性，因此在创建模型时，一般会将基本体素特征作为第一个创建的对象。实际的实体造型都可以看成由基本体素特征及简单实体特征经过复杂建模方法延伸得到。

长方体

1. 长方体

单击"特征"工具栏中长方体图标◻或者选择"菜单"工具条中"插入"→"设计特征"→"长方体"，弹出"长方体"对话框，如图3.1.2所示。在"类型"中共有3种创建方式，如图3.1.3所示。布尔运算方式：无、合并、减去和相交。选择一种"长方体"创建方式，在相应文本框中输入相应参数，按照需要选择一种布尔运算方式，单击"确定"或"应用"按钮即可创建所需的长方体。

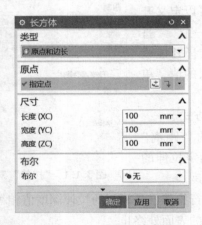

图3.1.2 "长方体"对话框

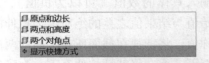

图3.1.3 "长方体"创建方式

三种"长方体"创建方式的具体操作如下：

（1）原点和边长：在文本框中输入长方体的长、宽、高三个尺寸，然后指定一点作为长方体前面左下角的顶点。

（2）两点和高度：指定Z轴方向上的高度和底面两个对角点的方式创建长方体。这两个对角点连线不能与坐标轴平行。

（3）两个对角点：指定长方体的两个对角点位置的方式创建长方体。这两个对角点必须为三维空间对角线角点。

2. 圆柱

单击"特征"工具栏中圆柱图标██或者选择"菜单"工具条中"插入"→"设计特征"→"圆柱"，弹出"圆柱"对话框，如图3.1.4所示。在"类型"中共有3种创建方式，如图3.1.5所示。布尔运算方式：无、合并、减去和相交。选择一种"圆柱"创建方式，在相应文本框中输入相应参数，按照需要选择一种布尔运算方式，单击"确定"或"应用"按钮即可创建所需的圆柱。

圆柱

图3.1.4　"圆柱"对话框

图3.1.5　"圆柱"创建方式

两种"圆柱"创建方式的具体操作如下。

（1）轴、直径和高度：先指定圆柱的矢量方向和底面圆的中心点位置，然后设置其直径和高度即可。在"指定矢量"选项中按照步骤选择圆柱的矢量方向，如图3.1.6所示。在"指定点"选项中按照步骤选择底面圆的中心点位置，如图3.1.7所示。

图3.1.6　圆柱特征中"矢量"对话框

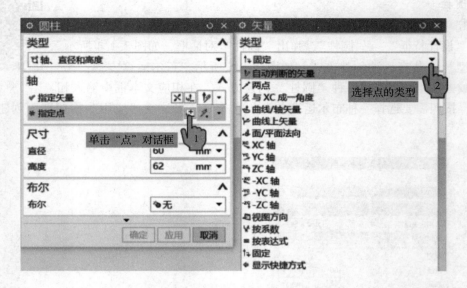

图 3.1.7 "指定点"类型选择对话框

（2）圆弧和高度：先指定圆柱的高度，再按所选择的圆弧创建圆柱。如图 3.1.8 所示，在该对话框中，首先选择一个圆弧，则该圆弧半径即创建圆柱的底面圆半径，然后在"尺寸"栏中输入高度。

图 3.1.8 "圆弧和高度"类型的参数设定对话框

3. 圆锥

单击"特征"工具栏中圆锥图标 或者选择"菜单"工具条中"插入"→"设计特征"→"圆锥"，弹出"圆锥"对话框，如图 3.1.9 所示。在"类型"中共有 5 种创建方式，如图 3.1.10 所示。布尔运算方式：无、合并、减去和相交。选择一种"圆锥"创建方式，在相应文本框中输入相

圆锥

应参数，按照需要选择一种布尔运算方式，单击"确定"或"应用"按钮即可创建所需的圆锥。

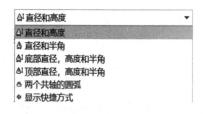

图 3.1.9　"圆锥"对话框　　　　　图 3.1.10　"圆锥"创建方式

五种"圆锥"创建方式的具体操作如下。

（1）直径和高度：指定底部直径、顶部直径和高度来生成圆锥。利用"矢量构造器"（方法参照创建圆柱矢量）或"自动判断矢量"构造一个矢量，用于指定圆锥的轴线方向。利用"点构造器"（方法参照创建圆柱点）或选择已存在点指定圆锥底面中心的位置，在"尺寸"栏中输入圆锥的底部直径、顶部直径和高度。

（2）直径和半角：指定底部直径、顶部直径、半角及生成方向来创建圆锥。利用"矢量构造器"（方法参照创建圆柱矢量）或"自动判断矢量"构造一个矢量，用于指定圆锥的轴线方向。利用"点构造器"（方法参照创建圆柱点）或选择已存在点指定圆锥底面中心的位置，在"尺寸"栏中输入圆锥的底部直径、顶部直径和半角。

（3）底部直径，高度和半角：指定底部直径、高度和半角来创建圆锥。利用"矢量构造器"（方法参照创建圆柱矢量）或"自动判断矢量"构造一个矢量，用于指定圆锥的轴线方向。利用"点构造器"（方法参照创建圆柱点）或选择已存在点指定圆锥底面中心的位置，在"尺寸"栏中输入圆锥的底部直径、高度和半角。

（4）顶部直径，高度和半角：指定顶部直径、高度、半角及生成方向来创建圆锥。利用"矢量构造器"（方法参照创建圆柱矢量）或"自动判断矢量"构造一个矢量，用于指定圆锥的轴线方向。利用"点构造器"（方法参照创建圆柱点）或选择已存在点指定圆锥底面中心的位置，在"尺寸"栏中输入圆锥的顶部直径、高度和半角。

（5）两个共轴的圆弧：指定两同轴圆弧来创建圆锥。选择已存在的圆弧，所选择的两个圆弧分别作为底部圆弧和顶部圆弧，如果两个圆弧不同轴，系统就以投影的方式将顶端圆弧投影到基准圆弧轴上。圆弧可以不封闭。

4. 球

单击"特征"工具栏中球图标或者选择"菜单"工具条中"插入"→"设计特征"→"球",弹出"球"对话框,如图 3.1.11 所示。在"类型"中共有两种创建方式,如图 3.1.12 所示。布尔运算方式:无、合并、减去和相交。选择一种"球"创建方式,在相应文本框中输入相应参数,按照需要选择一种布尔运算方式,单击"确定"或"应用"按钮即可创建所需的球。

球体

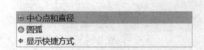

图 3.1.11　"球"对话框　　　　　图 3.1.12　"球"创建方式

两种"球"创建方式的具体操作如下。

(1) 中心点和直径:指定直径和球心来创建球。利用"点构造器"(方法参照创建圆柱点)或选择已存在点指定球中心点的位置,在"直径"文本框中输入球的直径。

(2) 圆弧。指定圆弧来创建球。所指定的圆弧不一定封闭。单击该选项,切换到以圆弧特征创建球体参数设定的对话框,选择一圆弧,则以该圆弧的半径和中心点分别作为创建球体的半径和球心。

3.1.3　布尔运算

布尔运算是对已存在的两个(或多个)实体进行求和、求差和求交的操作,类似于数学中的布尔运算,经常用于需要剪切实体、合并实体以及获取实体交叉部分的情况,如创建孔、圆台、腔体等。一般情况下,在一个 prt 文件中,只能有一个实体,用户无论做多少个操作,最后得到的实体都只有一个。

布尔运算

布尔运算的功能实现既有单独的命令也有结合到其他命令中的,如拉伸、回转体等都有这个运算,意义就是,新建的实体是不是与原有的实体进行加减乘运算。单击图标或单击"插入"→"组合"→"合并"/"减去"/"相交",执行操作。

布尔运算操作中的实体分为目标体和工具体。目标体是最先选择的需要与其他实体进行布尔操作的实体,目标体只能有一个。工具体是用来在目标体上执行布尔操作的实体,工具体可以有多个。完成布尔操作后,工具体将成为目标体的一部分。

布尔运算一般包含合并、减去、相交三种类型。如图 3.1.13 所示。

1. 合并

在"特征"菜单中单击图标 合并 ▾ 或单击"插入"→"组合体"→"合并"选项，系统弹出"合并"对话框，如图 3.1.14 所示。先选择需要与其他实体进行求和操作的实体作为目标体，再选择与目标体合并的实体作为工具体，单击"确定"按钮后，工具体与目标体合并为一个实体。

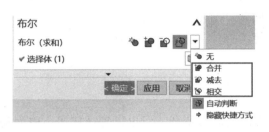

图 3.1.13 "布尔运算"对话框　　　　　　图 3.1.14 "合并"对话框

在操作时，不用区分"目标"和"工具"，目标位置选择一个实体后，将自动跳转到工具操作，"工具"里可以选择多个实体。因此，合并就是把要加和的实体直接选择到一起，目标体和工具体必须重叠或共享面，这样才会生成有效的实体，单击"确定"按钮即可完成合并操作。

小技巧

两个未求和的实体，如果相交的位置没有棱边，则说明二者是分离实体。这个小细节可以帮助大家迅速判断绘图区的实体是不是一个整体。

求和后的实体，在相交的位置会出现棱边记号。

2. 减去

在"特征"菜单中单击图标 减去 或单击"插入"→"组合体"→"减去"选项，系统弹出"求差"对话框，如图 3.1.15 所示。先选择需要相减的目标体，然后选择一个（或多个）实体作为工具体，单击"确定"按钮后，系统将从目标体中删除所选的工具体。

求差用于从目标体中删除一个或多个工具体，也就是求实体间的差集。

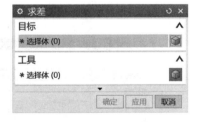

图 3.1.15 "求差"对话框

注意：所选的工具体必须与目标体相交，否则在相减时会产生出错信息，而且它们之间的边缘也不能重合。将目标和工具二者互换的求差结果会有所不同，目标表示主体，工具表示被减去的部分。

3. 相交

在"特征"菜单中单击图标 相交 或单击"插入"→"组合体"→"相交"选项，系统弹出"相交"对话框。先选择目标体，然后选择一个（或多个）实体作为工具体，则系统会用所选的目标体和工具体的公共部分产生一个新的实体或片体。

相交用于使目标体和所选工具体之间的相交部分成为一个新的实体，也就是求实体间的交集。相交在选择目标和工具时不用区分，直接选择存在共同实体部分的实体即可，目标只能选择一个实体，工具可以为多个实体。

注意：所选的工具体必须与目标体相交，否则会产生出错信息。

小结：在布尔运算中，目标只能选择一个实体，工具可以为多个，应根据实际情况进行选择，一定保证实体之间存在重叠部分才进行布尔运算。布尔运算的功能实现既有单独的命令也有结合到其他命令中的，比如在拉伸、回转、圆柱体等等都有这个运算，意义就是，新建的实体是不是与原有的实体进行加减乘运算。

3.1.4　基准特征

基准是建立模型的参考。它虽然不算是实体或曲面特征，但也以特征描述，称为基准特征。可作为 3D 几何设计时的参考或基准，用来确定草图、实体模型、曲面等的空间具体位置。

基准特征分为：基准平面、基准轴、基准点、基准坐标 CSCY、基准曲线。在此重点讲解基准点、基准轴、基准平面的创建方法。在"特征"菜单中单击基准特征工具图标或选

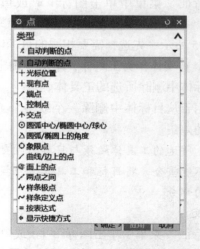

择菜单"基准平面"工具条"插入"→"基准/点"命令。

1. 基准点

基准点辅助定位、指定方向，辅助建立基准轴、基准平面、基准曲线或坐标系，辅助建立和修改复杂的曲面以及基准点，既可作为其他特征、计算分析模型的参照，也可作为定义有限元分析网格的受力点等。

基准点

创建方法：在"特征"菜单中单击基准点图标 ➕ 或选择菜单工具条"插入"→"基准/点"→"点"命令，弹出"点"对话框，如图 3.1.16 所示。

如图 3.1.17 所示，点的类型有自动判断的点、光标位置、端点等。一般情况下，默认采用"自动判断的点"方式完成点的捕捉，在"自动判断的点"方式不能完成的情况下再选择使用其他类型的点。

图 3.1.16　"点"对话框　　　　　　图 3.1.17　"点"—"类型"列表

现有点：捕捉存在点的位置。

端点：捕捉曲线或者实体、片体的边缘端点。

控制点：捕捉样条曲线的端点、极点，直线的中点等。

交点：捕捉线与线的交点、线与面的交点。

象限点：捕捉圆、圆弧、椭圆的四分点。

圆心点：捕捉圆心点、球心点、椭圆中心点。

圆弧/椭圆上的角度点：沿圆弧或椭圆成角度的位置捕捉点。操作时，先选择圆弧或椭圆，然后输入角度，即可完成捕捉点。

面上的点：设置 U 向和 V 向的位置百分比捕捉点。操作时，先选择曲面，然后输入 U 向参数值、V 向参数值，即可完成捕捉点。

曲线/边上的点：设置点在曲线的位置的百分比捕捉点。操作时，先选择曲线，然后输入 U 向参数值，即可完成捕捉点。

两点之间：在两点之间按位置的百分比创建点。操作时，先选择两个点，然后输入百分比，即可完成捕捉点。

2. 基准轴

基准轴可作为在创建基准平面、装配同轴放置项目、径向和轴向阵列的操作时的参照，也可用于旋转中心、镜像中心、指定拉伸体和基准平面的方向。

基准轴

创建方法：在"特征"菜单中单击基准轴图标 或选择菜单工具条"插入"→"基准/点"→"基准轴"命令，弹出"基准轴"对话框，如图 3.1.18 所示。

基准轴的类型如图 3.1.19 所示。一般采用"自动判断"创建基准轴，在"自动判断"不能完成的情况下再选择使用其他类型。

图 3.1.18　"基准轴"对话框

图 3.1.19　"基准轴"—"类型"列表

交点：通过两个平面来创建基准轴，所创建的基准轴与这两个平面的交线重合。

曲线/面轴：通过选择一条直线或面的边来创建基准轴，所创建的基准轴与该直线或面的边重合。

曲线上矢量：通过选择一条曲线为参照，同时选择曲线上的起点来定义基准轴，该起点的位置可以通过圆弧长度来改变，所创建的基准轴与所选曲线重合。

XC 轴：创建的基准轴与 *XC* 轴重合。

YC 轴：创建的基准轴与 *YC* 轴重合。

ZC 轴：创建的基准轴与 *ZC* 轴重合。

点和方向：通过选择一个参考点和一个参考矢量，建立通过该点且平行（或垂直）于所选矢量的基准轴。

两个点：通过选择两个点的方式来定义基准轴，选择时可以利用"点"对话框来帮助进行选择。指定的第一点为基准轴的定点，第一点到第二点的方向为基准轴的方向。

基准平面

3. 基准平面

基准平面的主要作用为辅助在圆柱、圆锥、球、回转体上建立形状特征，当特征定义平面和目标实体上的表面不平行（或不垂直）时辅助建立其他特征，或者作为实体的修剪面等。

创建方法：在"特征"菜单中单击基准平面图标 [基准平面] 或选择菜单工具条"插入"→"基准/点"→"基准平面"命令，弹出"基准平面"对话框，如图 3.1.20所示。基准平面的创建方法有多种类型，如图 3.1.21所示。

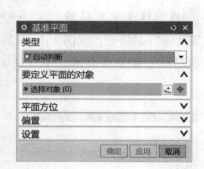

图 3.1.20 "基准平面"对话框

图 3.1.21 "基准平面"—"类型"列表

自动判断：自动判断方式创建平面包括三点方式和偏置方式。三点方式：利用点构造器创建三个点或选取三个已存在点，可创建一个基准平面。偏置方式：选择一个平面或基准面并且输入偏置值，系统会建立一个基准平面，该平面与参考平面的距离为所设置的偏置值。

按某一距离：通过将参照平面按照偏置值移动一定的距离得到新平面。

成一角度：通过将参照平面绕一直线旋转一定角度而得到新平面。

二等分：若两个参照平面平行，则新平面在这两个参照平面平行距离中间；若两个参照平面呈一定夹角，则新平面在这两个参照平面的角平分线上。

曲线和点：这是一个数学定义，空间中的一条曲线（直线、圆弧、样条曲线等）与一个点可确定一个平面。通过选择一个点和一条曲线或者一个点来定义基准平面。若选择一个点和一条曲线，当点在曲线上时，则该基准平面通过该点且垂直于曲线在该点处的切线方向；当点不在曲线上时，则该基准平面通过该点和该条曲线。若选择两个点来定义基准平面，则该基准平面处于这两点的连线且通过第一个点。

两直线：由空间中相交或者平行的两条直线确定一个平面。

相切：选择一个参照几何特征（可以为面），即可生成与其相切的新平面。

通过对象：通过选择对象（如点、直线、圆弧和曲面等）来创建平面，该平面垂直于所选的直线，或通过所选的曲线或平面。

点和方向：通过选择一个参考点与矢量方向创建平面，该平面通过参考点并垂直于所选矢量方向。

曲线上：通过选择一条参考曲线创建基准平面，该基准平面垂直于该曲线某点处的切线矢量或法向矢量。通过位置方式选择来确定该基准平面的位置。

YC – ZC 平面：将 YC – ZC 平面偏置某一距离来创建基准平面。"XC – ZC 平面""YC – XC 平面"方式与"YC – ZC 平面"方式类似，这里不再赘述。

视图平面：以屏幕视图为新基准平面，也就是说与基准平面的创建与模型、工作坐标系无关。

按系数：创建一个由平面方程来定义的平面。对于一个空间来说，平面方程为：$Ax + By + Cz = D$，其中平面方程由系数 A、B、C、D 来确定。

设计思路

轴套零件可以有多种建模过程，该任务的绘制思路如图 3.1.22 所示，请读者扫描二维码，思考其他方法。

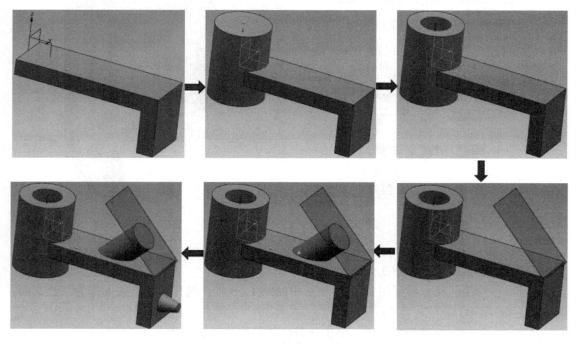

图 3.1.22　"轴套"设计思路

任务3.1 轴套设计

步骤1：绘制矩形，如图3.1.23所示。

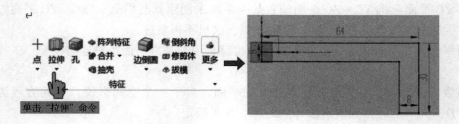

图3.1.23　绘制矩形

步骤2：拉伸，如图3.1.24所示。

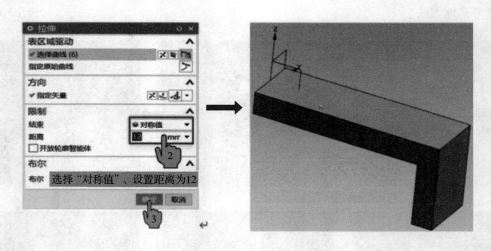

图3.1.24　拉伸

步骤3：绘制圆柱，如图3.1.25所示。

步骤4：绘制圆孔。参照图3.1.25所示中的第4、5步，选择圆柱上表面作为草绘平面，如图3.1.26所示。

步骤5：创建基准平面、圆柱。单击"基准平面"命令，如图3.1.27所示。

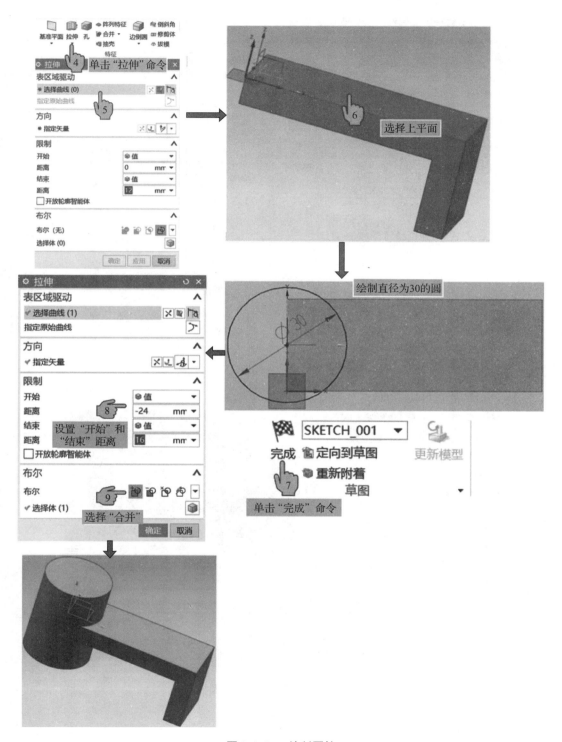

图 3. 1. 25 绘制圆柱

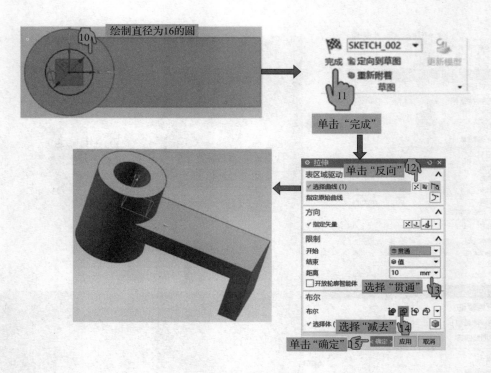

图 3.1.26　绘制圆孔

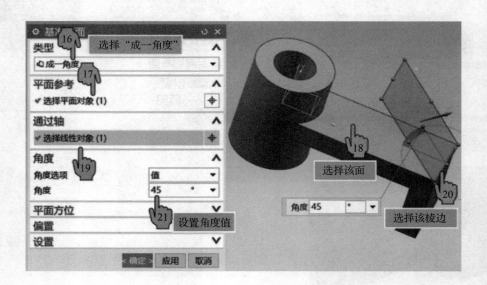

图 3.1.27　创建基准平面、圆柱

步骤 6：创建圆柱。

参照图 3.1.25 所示中的第 4、5 步，在基准平面上进行草图绘制，如图 3.1.28 所示。

步骤 7：创建圆锥，如图 3.1.29 所示。

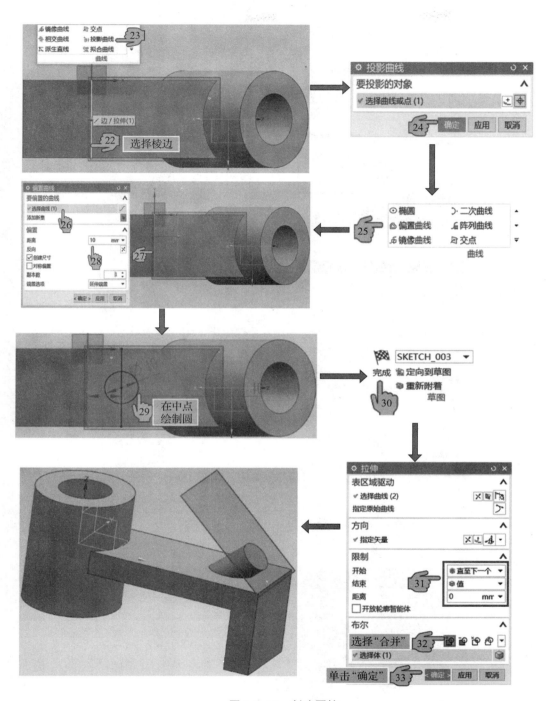

图 3.1.28 创建圆柱

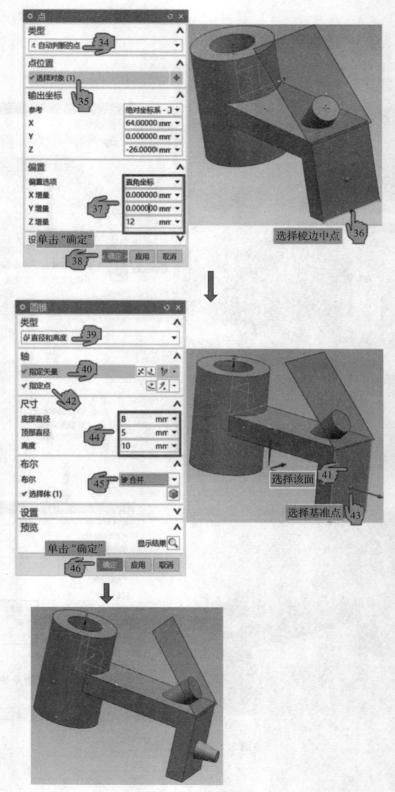

图 3.1.29 创建圆锥

 考核评价

学生姓名			组名			班级		
小组成员								
考评项目			分值	要求		学生自评	小组互评	教师评定
知识能力		识图能力	5	正确性				
		菜单命令	10	正确率、熟练程度				
		建模思路	20	合理性、多样性				
		产品建模	40	合理性、正确性、简洁性				
		问题与解决	10	解决问题的方式与成功率				
职业素养		文明上机	5	卫生情况与纪律				
		团队协作	5	相互协作、互帮互助				
		工作态度	5	严谨认真				
成绩评定			100					
心得体会								

任务 3.2　支座设计

学习任务		支座设计			
姓名		学号		班级	
任务目标	知识目标	• 掌握孔特征指令、筋板指令 • 掌握镜像特征种类、镜像特征几何体			
	能力目标	• 能够使用孔特征指令 • 能够正确使用镜像特征、几何体的使用方法			
	素质目标	• 养成思路清晰的好习惯 • 培养端正、平稳的心态			
任务描述		完成下图所示支座设计，主要涉及筋板、孔特征、镜像特征、镜像几何体等			
学习笔记					

三维造型设计

支座零件主要由圆柱体、长方体、孔和筋板等组成，通过拉伸特征、孔特征、创建筋板、镜像几何体特征等操作可快速完成零件实体建模。

3.2.1　孔特征介绍

孔是在已有实体上才能创建的一种常见的"加工"类型的设计特征。

单击"特征"工具栏中孔特征按钮 或选择菜单工具条中"插入"→"设计特征"→"孔"命令，弹出如图 3.2.1 所示的"孔"对话框。

孔特征

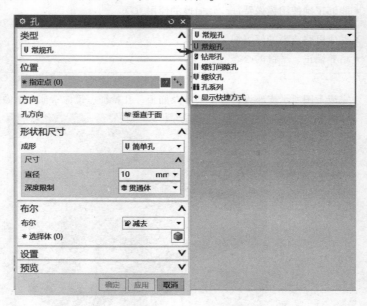

图 3.2.1　"孔"对话框

1. "孔"类型选项

从"类型"选项组的下拉列表框中可以看出孔的类型较多，包括"常规孔""钻形孔""螺钉间隙孔""螺纹孔"和"孔系列"。孔特征的创建方法通常是在"孔"对话框中指定孔的类型，接着选择实体表面或基准平面来定义孔的放置位置点，定义孔方向，并根据所选孔类型设置相应孔的参数和选项等，然后单击"确定"或"应用"按钮。不管是哪种类型的孔，都需要指定孔的放置位置和孔的方向。

1）常规孔

常规孔最为常用。在"类型"下拉列表框中选择"常规孔"时，在"形状和尺寸"下拉列表框的"成形"下拉列表框中可以选择 4 种成形方式之一，这 4 种成形方式分别是"简单孔""沉头孔""埋头孔"和"锥形孔"。指定常规孔的成形方式后，在"尺寸"子选项组中设置孔的各项特征参数，其中，"深度限制"下拉列表框提供了指定孔特征深度的不同方式，包括"值"直至选定""直至下一个"和"贯通体"。

2）钻形孔

在"类型"下拉列表框中选择"钻形孔"选项时，需要分别定义孔的放置位置点、孔方向、形状和尺寸、布尔方式、标准和公差等。

3）螺钉间隙孔

螺钉间隙孔需要分别定义孔的放置位置点、孔方向、形状和尺寸、布尔方式、标准和公差等。从定义内容来看与钻形孔的定义内容很相近，但它们存在着明显的细节差异，螺纹间隙孔有自己的形状和尺寸、标准。例如，在"形状和尺寸"方面，螺纹间隙孔分为"简单孔""沉孔孔"和"埋头孔"3种成形方式，有自己的螺钉类型和螺钉尺寸等参数属性。

4）螺纹孔

螺纹孔在机械设计中很常见，是一种常用的零件之间的连接结构。在"类型"下拉列表框中选择"螺纹孔"选项并指定孔位置和方向后，还需要在"设置"选项组的"标准"下拉列表框中选择所需的一种适用标准，接着在"形状和尺寸"选项组中分别设置螺纹尺寸、旋向、深度限制尺寸、止裂口、起始倾斜角和终止倾斜角等。

5）孔系列

在"类型"下拉列表框中选择"孔系列"选项，接着分别指定孔位置、孔方向，以及利用"规格"选项组分别设置"端点""起始"和"中间"3个选项组上的规格内容。

3.2.2　镜像特征和镜像几何体

镜像特征是指将复制的特征（包括实体、曲面、曲线等）根据指定平面进行镜像。

镜像几何体是指将复制的实体根据指定平面进行镜像。"镜像几何体"工具不能用来镜像曲面、曲线等特征。

镜像特征和镜像几何体

单击"特征"工具栏中"更多"中的"镜像特征"和"镜像几何体"按钮，如图3.2.2所示。或选择菜单工具条中"插入"→"关联复制"→"镜像特征"/"镜像几何体"命令，弹出对话框如图3.2.3、图3.2.4所示。

图3.2.2　"镜像特征"和"镜像几何体"

创建的镜像几何体其自身不建立参数，与参照体相关联。镜像几何体与参照体之间的关联性表现如下：

（1）如果参照体中的单个特征参数发生改变，并引起参照体改变，则改变的参数将反映至镜像几何体中。

图 3.2.3 "镜像特征"对话框

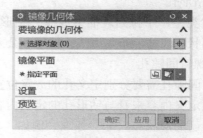

图 3.2.4 "镜像几何体"对话框

（2）如果编辑相关的基准面参数，镜像几何体相应改变；如果删除参照体或基准面，镜像几何体也随之被删除。

（3）如果移动参照体，镜像几何体也移动。

（4）可添加特征到镜像几何体。

镜像特征与镜像几何体的区别：镜像特征可以镜像实体模型中的单个特征，对于非参的点、线、面等则无法选中；镜像几何体工具只能镜像实体，不可用来镜像曲面、曲线等。

3.2.3 筋板特征

用筋板命令可通过拉伸相交的平截面将薄壁筋板或筋板网格添加到实体中。（注意，平截面就是在平面上的截面曲线）。筋板常见于模塑、铸模和锻模部件中，在工业上应用广泛。

单击"特征"工具栏中"更多"中的"筋板"按钮，如图 3.2.5 所示。或选择菜单工具条中"插入"→"设计特征"→"筋板"命令，弹出"筋板"对话框，如图 3.2.6 所示。

筋板

图 3.2.5 "筋板"指令

图 3.2.6 "筋板"对话框

1）根据曲线的平截面创建筋板

此截面可以是曲线的任何组合：

（1）单条开口曲线（没有连接任何其他的曲线端点）。

（2）单条封闭曲线或样条。

（3）相连曲线可以是开放曲线，也可以是封闭曲线。

2）壁类型

（1）垂直于剖切平面：将筋板壁方向设为与剖切平面垂直。

（2）将筋板壁方向设为与剖切平面平行，尽可用于单曲线链。

3）尺寸类型

（1）对称：以截面曲线为中心，对称地应用筋板厚度。

（2）非对称：筋板厚度应用于截面曲线的一侧。

设计思路

该支座零件可以有多种建模过程，该任务的绘制思路如图3.2.7所示。请扫描二维码，思考其他方法。

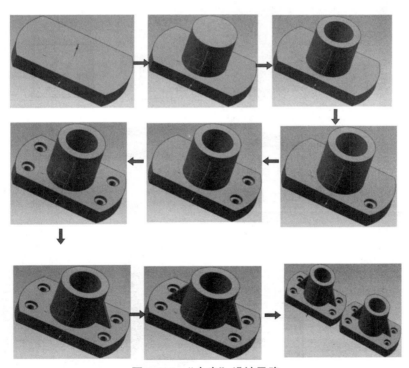

图3.2.7 "支座"设计思路

任务3.2 底座设计

任务实施

步骤1：底座绘制，如图3.2.8所示。

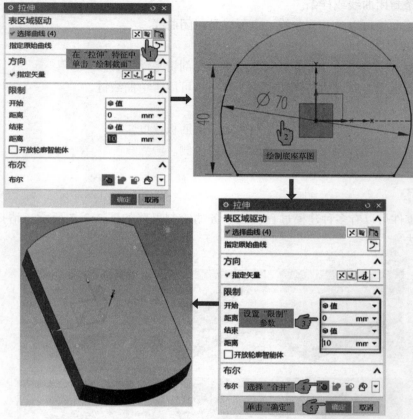

图3.2.8　底座绘制

步骤2：圆柱绘制，如图3.2.9所示。

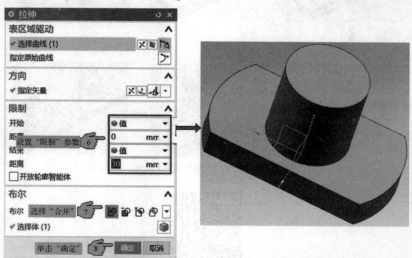

图3.2.9　圆柱绘制

步骤 3：孔绘制，如图 3.2.10 所示。

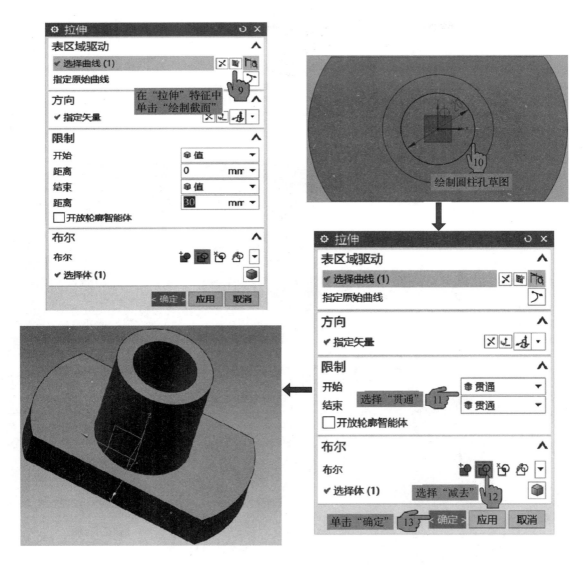

图 3.2.10　孔绘制

步骤 4：沉头孔绘制，如图 3.2.11 所示。
步骤 5：镜像沉头孔特征，如图 3.2.12 所示。

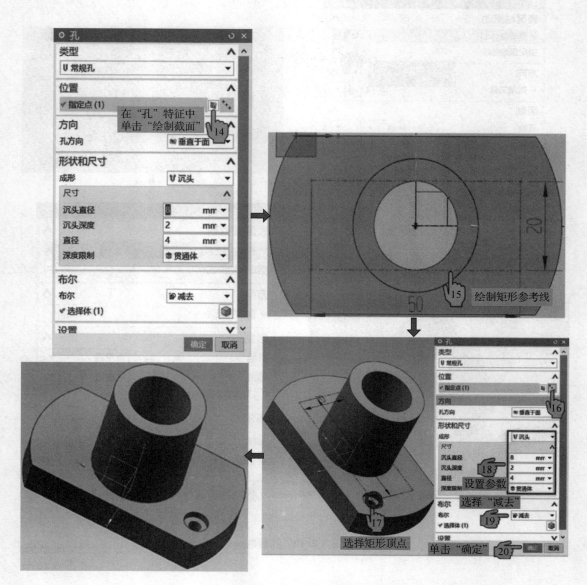

图 3.2.11　沉头孔绘制

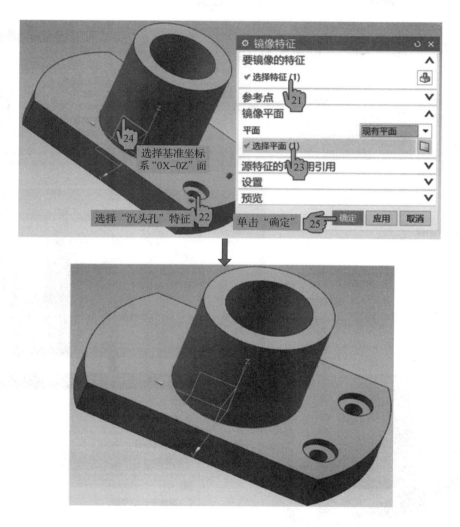

图 3.2.12　镜像沉头孔特征

步骤 6：镜像左侧沉头孔特征。参照步骤 5，镜像平面选择基准坐标系"OY – OZ"，得到左侧两个沉头孔特征。

步骤 7：绘制筋板特征，如图 3.2.13 所示。

步骤 8：镜像筋板特征。参照步骤 5，镜像平面选择基准坐标系"OY – OZ"，得到左侧筋板特征。

步骤 9：镜像几何特征，如图 3.2.14 所示。

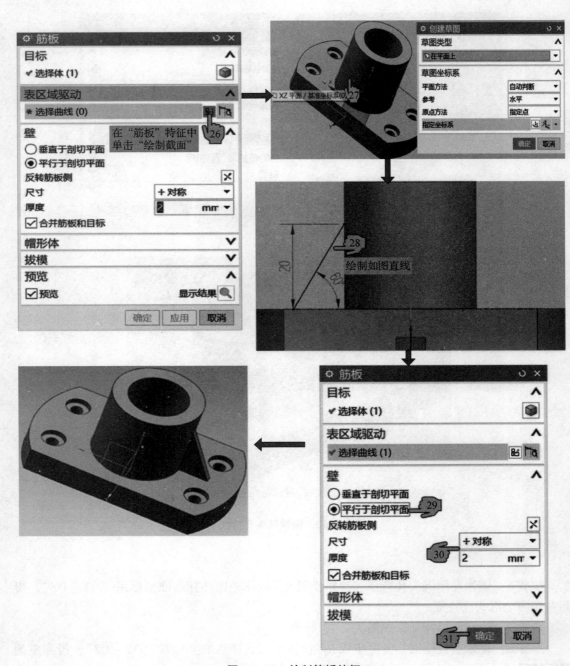

图 3.2.13　绘制筋板特征

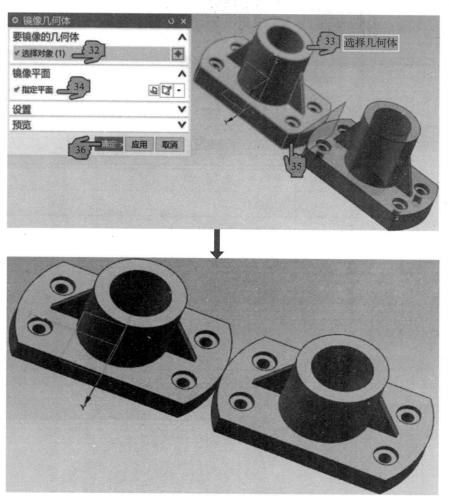

图 3. 2. 14　镜像几何特征

学生姓名		组名		班级		
小组成员						
考评项目		分值	要求	学生自评	小组互评	教师评定
知识能力	识图能力	5	正确性			
	菜单命令	10	正确率、熟练程度			
	建模思路	20	合理性、多样性			
	产品建模	40	合理性、正确性、简洁性			
	问题与解决	10	解决问题的方式与成功率			
职业素养	文明上机	5	卫生情况与纪律			
	团队协作	5	相互协作、互帮互助			
	工作态度	5	严谨认真			
成绩评定		100				
心得体会						

任务 3.3　端盖设计

学习任务		端盖设计			
姓名		学号		班级	
任务目标	知识目标	• 掌握旋转、边倒圆、倒倾角特征指令 • 掌握镜像阵列特征种类、阵列几何特征			
	能力目标	• 能够绘制旋转特征、边倒圆、倒倾角特征指令 • 能够正确使用阵列特征、阵列几何体特征的使用方法			
	素质目标	• 培养学生多角度思考问题的习惯 • 培养学生的团队协助、团队互助意识			
任务描述		完成下图所示端盖零件设计，主要涉及旋转、边倒圆、倒倾角特征指令，以及阵列特征、阵列几何特征等			
学习笔记					

端盖零件主要由圆柱体、长方体、孔和肋等组成,通过旋转、边倒圆、倒倾角特征、阵列特征、阵列几何体特征等即可快速完成零件实体建模。

旋转特征

3.3.1　旋转特征介绍

特征的旋转是将实体表面、实体边缘、曲线、链接曲线或者片体围绕一根中心轴线通过旋转生成实体或片体。

单击特征工具栏中的"旋转"按钮 或选择菜单工具条中"插入"→"设计特征"→"旋转"命令,弹出"旋转"对话框,如图 3.3.1 所示。

"旋转"对话框中各主要选项的含义如下:

限制:包含开始和结束两个下拉列表及两个位于其下的角度文本框。

开始:用于设置旋转的类项,其"角度"文本框用于设置旋转的起始角度,其值的大小是相对于截面所在的平面而言的,其方向以与旋转轴成右手定则的方向为准。在"开始"下拉列表中选择该选项,则需设置起始角度和终止角度;在"开始"下拉列表中选择"直至选定"选项,则需选择要开始或停止旋转的面或相对基准平面。

结束:用于设置旋转的类项,其"角度"文本框设置旋转对象旋转的终止角度,其值的大小也是相对于截面所在的平面而言的,其方向也以与旋转轴成右手定则为准。

图 3.3.1　"旋转"对话框

"偏置"区域:利用该区域可以创建旋转薄壁类型特征。

"预览"复选框:使用预览可确定创建旋转特征之前参数的正确性,系统默认选中该复选框。

在"指定矢量"中的"自动判断的矢量"按钮:可以选取已有的直线或者轴作为旋转轴矢量,也可以使用"矢量构造器"方式构造一个矢量作为旋转轴矢量。

在"指定点"中的"自动判断点"按钮:如果用于指定旋转轴的矢量方法,则需要单独再选定一点。例如,用于平面法向时,此选项将变为可用。

布尔:创建旋转特征时,如果已经存在其他实体,则可以与其进行布尔操作,包括创建合并、减去和相交。

3.3.2　边倒圆特征介绍

边倒圆可使多个面共享的边缘变光滑,既可以创建圆角的边倒圆(对凸边缘则去除材料），也可以创建倒圆角的边倒圆（对凹边缘则添加材料）。

单击"特征"工具栏中的"边倒圆"按钮或选择菜单工具条中"插入"→"细节特征"→"边倒圆"命令，弹出如图 3.3.2 所示"边倒圆"对话框。

图 3.3.2 "边倒圆"对话框

"边倒圆"对话框中各主要选项含义如下：

边：该按钮用于创建一个恒定半径的圆角，恒定半径的圆角是最简单的、也是最容易生成的圆角。

连续性：G2 曲率状态下，调整 rho 数值，可以看到圆弧的曲率发生改变，这个选项是调整圆弧曲率的在常规建模中很少用到，可能倾向于曲面建模。

"形状"下拉列表：用于定义倒圆角的形状，包括两个形状——圆形、二次曲线。圆形：选择此选项，倒圆角的截面形状为圆形。二次曲线：选择此选项，倒圆角的截面形状为二次曲线。

变半径：通过定义边缘上的点，然后输入各点位置的圆角半径值，沿边缘的长度改变圆角半径。在改变圆角半径时，必须至少已指定了一个半径恒定的边缘，才能使用该选项对它添加可变半径点。

拐角倒角：添加回切点到一倒圆拐角，通过调整每一个回切点到顶点的距离，对拐角应用其他变形。

拐角突然停止：通过添加突然停止点，可以在非边缘端点处停止倒圆，进行局部边缘段倒角。

3.3.3 倒斜角特征介绍

使用"倒斜角"命令，可以在两个面之间创建用户需要的倒角。

单击"特征"工具栏中的"倒倾角"按钮 倒斜角 或选择菜单工具条中"插入"→"细节特征"→"倒斜角"命令，弹出"倒斜角"对话框，如图 3.3.3 所示。

倒斜角

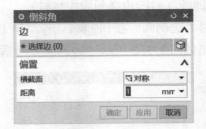

图 3.3.3　"倒斜角"对话框

"倒斜角"对话框中各主要选项含义如下：

对称：建立一简单倒斜角，沿两个表面的偏置值是相同的。

非对称：建立一简单倒斜角，沿两个表面有不同的偏置量。对于不对称偏置，可利用反向按钮反转倒斜角偏置顺序从边缘一侧到另一侧。

偏置和角度：建立一简单倒斜角，它的偏置量是由一个偏置值和一个角度决定的。

3.3.4　阵列特征介绍

阵列特征是将特征复制到许多阵列或布局（线型、圆形、多边形等）中，并带有对应阵列边界、实体方位、旋转和变化的各种选项。

单击"特征"工具栏中的"阵列特征"按钮 阵列特征或选择菜单工具条中"插入"→"关联复制"→"阵列特征"命令，弹出"阵列特征"对话框，如图 3.3.4 所示。

阵列特征及阵列
几何体

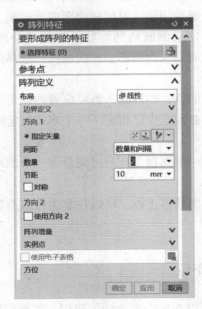

图 3.3.4　"阵列特征"对话框

"阵列特征"对话框中各主要选项含义如下：

布局："阵列定义"中的"布局"类型有线性、圆形、多边形、螺旋式、沿、常规、参考等。线性、圆形、常规是经常使用的；其他三种应用得不广泛，只在一些特定的环境下才能使用，多边形和螺旋式是指按照螺旋式和多边形形式阵列，只要设置好相应的参数即可。

间距："间距"类型中有多个选项。数量和间隔：个数和每两个对象之间的距离；数量和跨距：个数和第一个对象和最后一个对象之间的距离；节距和跨距：两个对象之间的距离，第一个和最后一个之间的距离；列表：控制每两个对象之间的距离，通过添加集的形式来完成。

对称：勾选"对称"复选框的效果是以选择对象为边界进行两个方向阵列。这个功能用于有双向建模要求的图形。

3.3.5 阵列几何特征介绍

阵列几何特征将几何体复制到许多阵列或布局（线型、圆形、多边形等）中，并带有对应阵列边界、实体方位、旋转和删除的各种选项。

单击"特征"工具栏中"阵列几何体"按钮 **阵列几何特征**或选择菜单工具条中"插入"→"细节特征"→"阵列几何特征"命令，弹出"阵列几何特征"对话框，如图 3.3.5 所示。

阵列特征与阵列几何特征的区别：阵列特征命令操作的对象是特征；阵列几何特征是对几何体进行阵列。

图 3.3.5 "阵列几何特征"对话框

设计思路

该端盖零件可以有多种建模过程，该任务的绘制思路如图 3.3.6 所示。请读者扫描二维码后思考其他方法。

任务实施

步骤 1：底座绘制，如图 3.3.7 所示。

步骤 2：圆柱绘制，如图 3.3.8 所示。

步骤 3：倒倾角，如图 3.3.9 所示。

步骤 4：绘制简单孔，如图 3.3.10 所示。

步骤 5：抽壳，如图 3.3.11 所示。

步骤 6：绘制底座上的简单孔，如图 3.3.12 所示。

步骤 7：绘制边倒圆，如图 3.3.13 所示。

步骤 8：绘制底座孔，如图 3.3.14 所示。

步骤 9：阵列底座孔特征，如图 3.3.15 所示。

任务 3.3 端盖
零件

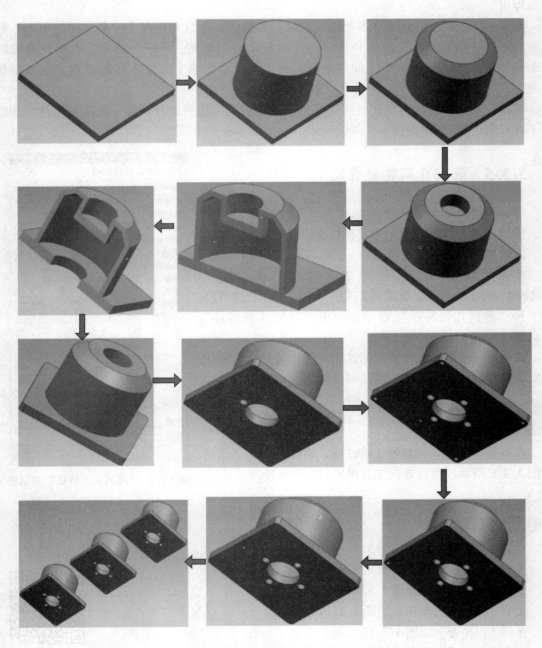

图 3.3.6 "端盖" 设计思路

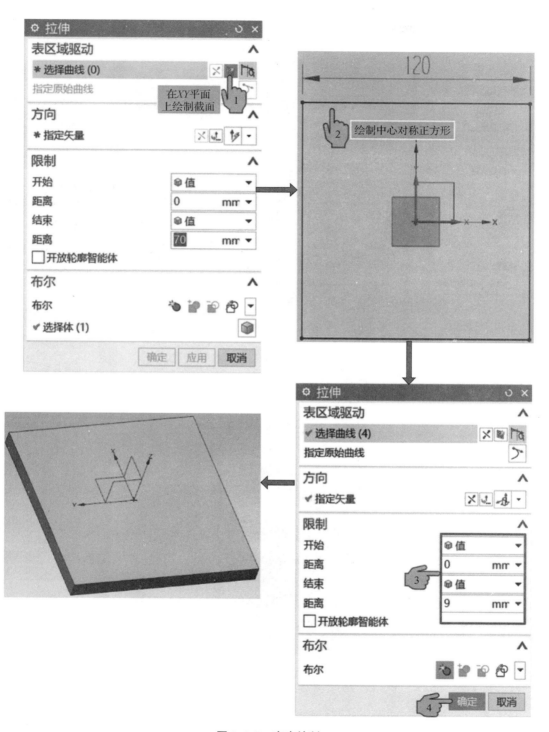

图 3.3.7 底座绘制

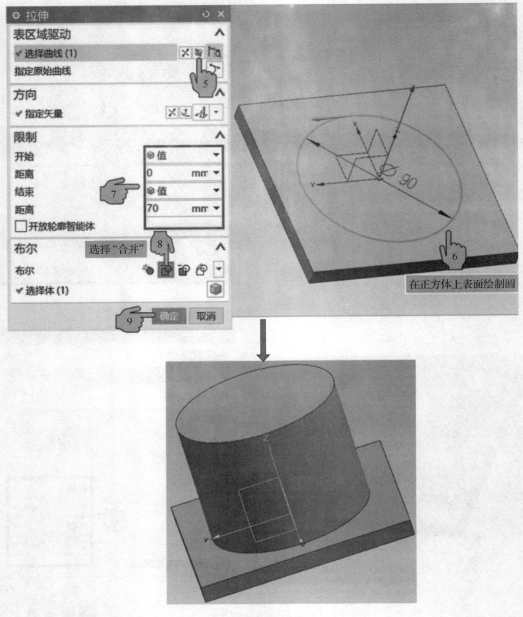

图 3.3.8　圆柱绘制

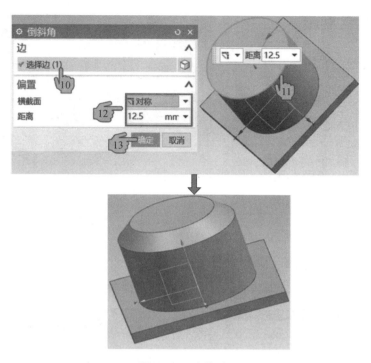

图 3.3.9　倒倾角

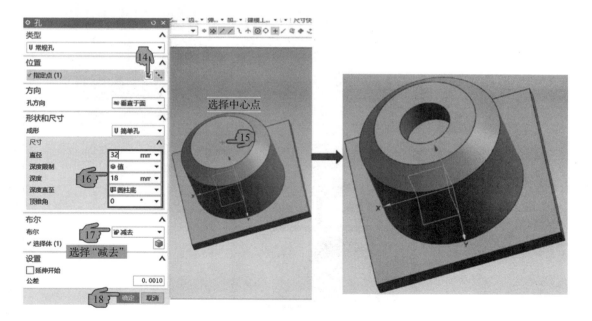

图 3.3.10　绘制简单孔

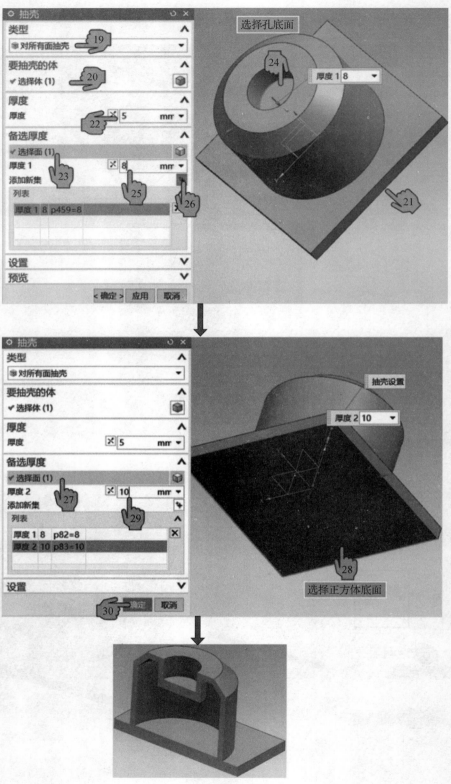

图 3.3.11　抽壳

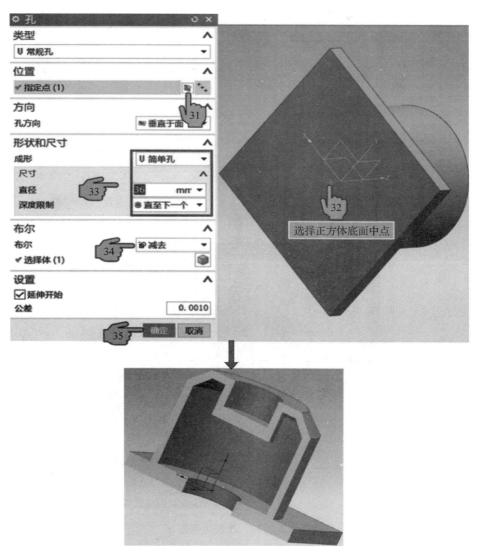

图 3.3.12　绘制底座上的简单孔

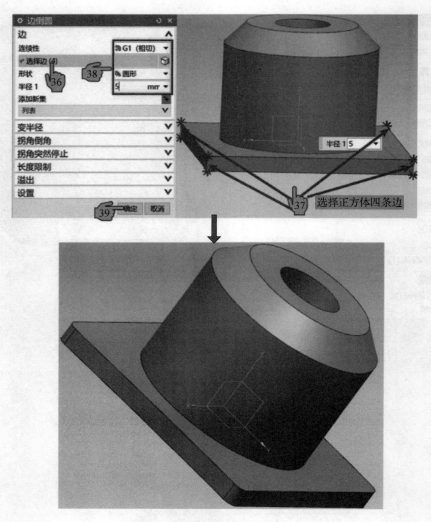

图 3.3.13　绘制边倒圆

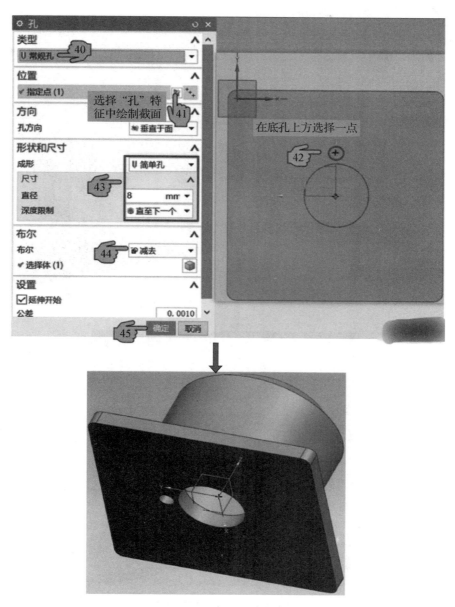

图 3.3.14　绘制底座孔

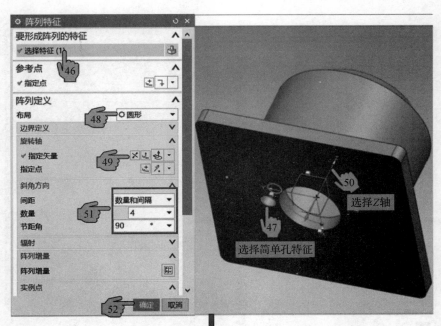

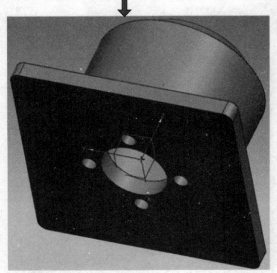

图 3.3.15　阵列底座孔特征

步骤 10：绘制沉头孔，如图 3.3.16 所示。

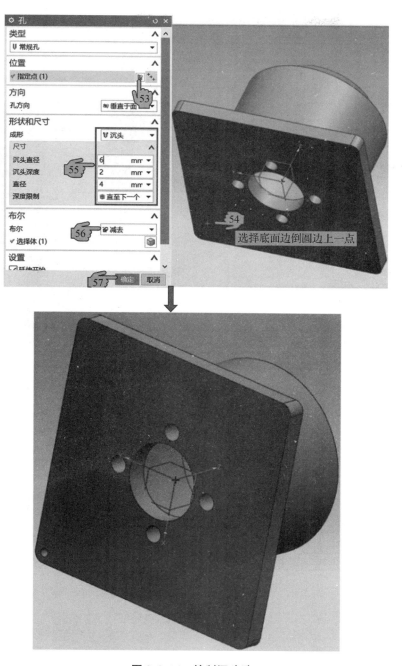

图 3.3.16　绘制沉头孔

步骤 11：阵列沉头孔特征，如图 3.3.17 所示。

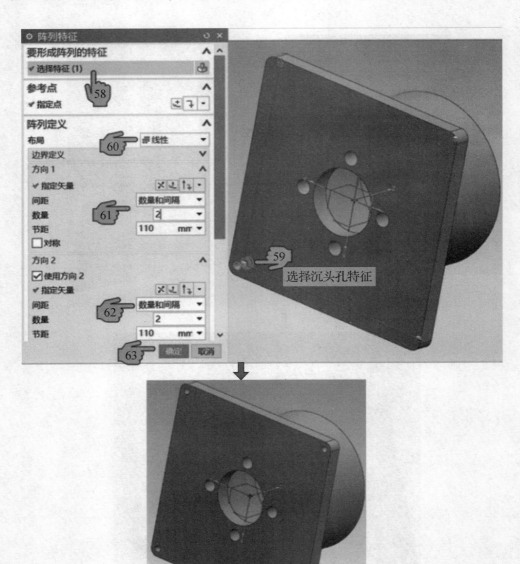

图 3.3.17　阵列沉头孔特征

步骤 12：阵列几何特征，如图 3.3.18 所示。

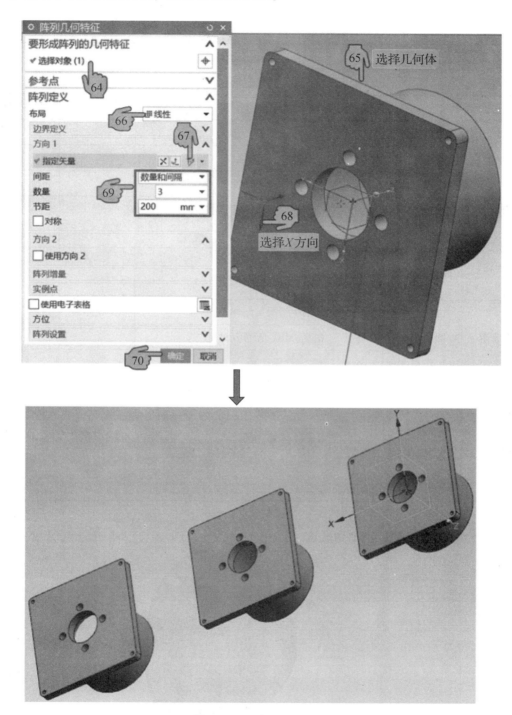

图 3.3.18 阵列几何特征

 考核评价

学生姓名		组名		班级		
小组成员						
考评项目		分值	要求	学生自评	小组互评	教师评定
知识能力	识图能力	5	正确性			
	菜单命令	10	正确率、熟练程度			
	建模思路	20	合理性、多样性			
	产品建模	40	合理性、正确性、简洁性			
	问题与解决	10	解决问题的方式与成功率			
职业素养	文明上机	5	卫生情况与纪律			
	团队协作	5	相互协作、互帮互助			
	工作态度	5	严谨认真			
成绩评定		100				
心得体会						
巩固提升		完成下图所示零件的模型 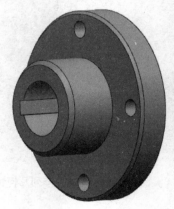				

任务 3.4　阶梯轴设计

学习任务		阶梯轴设计				
姓名			学号		班级	
任务目标	知识目标	• 掌握阶梯轴零件的特点及使用要求 • 掌握槽、键槽、螺纹的种类与特点 • 掌握常见定位操作的用法				
	能力目标	• 能够正确运用拉伸、旋转命令绘制轴的主体部分 • 能够正确利用槽、键槽、螺纹命令创建阶梯轴的修饰特征				
	素质目标	• 培养学以致用的创新应用能力 • 培养自我学习、独立分析的能力				
任务描述		完成下图所示阶梯轴零件设计过程，主要涉及螺纹、槽、键槽、倒斜角命令的应用及定位的操作				
学习笔记						

　　阶梯轴为回转类零件，是由不同外径组成有台肩的轴，利用阶梯的轴肩可定位不同内径的安装零件，如齿轮、轴承。设计者根据需要在回转轴的基础上完成槽、键槽、螺纹、倒斜角等修饰特征即可完成实体建模，回转轴建模过程简单，主要是槽、键槽特征的定位操作。

螺纹

3.4.1　螺纹

　　螺纹是机械产品中常见的特征，通常用在螺栓、螺母等标准件中，在 UG NX 10.0 中可以创建符号螺纹和详细螺纹两种类型的螺纹，且只能在圆柱面上创建。在产品设计时，如果需要制作产品的工程图，则应选择符号螺纹；如果不需要制作产品的工程图而且需要反映产品的真实结构，则可以选择详细螺纹。

　　（1）符号螺纹：以虚线圆的形式显示在要攻螺纹的一个（或几个）面上，符号螺纹可使用外部螺纹表文件（可以根据特殊螺纹要求来制定这些文件），以确定其参数。

　　（2）详细螺纹：比符号螺纹看起来更加逼真，但由于其几何形状的复杂性，因此创建及更新都需要较长的时间。详细螺纹是完全关联的，如果特征被修改，则螺纹也相应更新。也可以选择生成部分关联的符号螺纹，或指定固定的长度，部分关联是指如果螺纹被修改，特征也将更新（但反过来则不行）。

　　注意：详细螺纹每次只能创建一个，而符号螺纹可以创建多组且创建所需的时间少。

　　下面以图 3.4.1 所示的零件为例，说明在一个模型上添加详细螺纹特征的一般操作步骤。

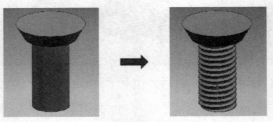

图 3.4.1　螺纹特征零件

　　步骤 1：打开已有的零件模型，单击"插入"→"设计特征"→"螺纹"命令（图3.4.2），系统弹出"螺纹"对话框。

　　步骤 2：在"螺纹"对话框中选择螺纹的类型为"详细"螺纹，螺纹的旋向为"右旋"，如图 3.4.3 所示。

　　步骤 3：定义螺纹参数。

　　（1）定义螺纹的放置面。选取图 3.4.4 所示的柱面为放置面。

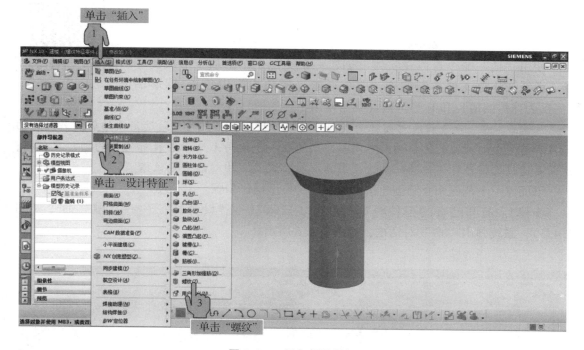

图 3.4.2　添加螺纹特征

图 3.4.3　"螺纹"对话框

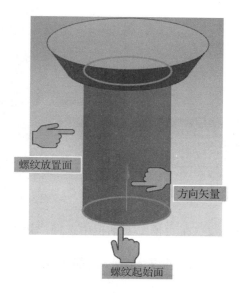

图 3.4.4　选取螺纹放置面及起始面

（2）定义螺纹的起始面。在"螺纹"对话框中单击"选择起始"按钮，选择图 3.4.4 中的下端面为螺纹起始面，此时系统自动生成螺纹的方向矢量，根据生成螺纹的方向为实体方向自行选择是否单击"螺纹轴反向"按钮，然后在"螺纹"对话框中设置参数（如小径、长度、螺距和角度等），如图 3.4.3 所示。

步骤 4：单击"螺纹"对话框中的"确定"按钮，完成螺纹特征的创建。

3.4.2　槽

使用"槽"命令可以在实体上创建一个类似于车削加工形成的环形槽。槽特征分为 3 种类型的槽，即矩形槽（槽角均为尖角）、球形端槽（底部为球体的槽）和 U 形沟槽（拐角使用半径的槽）。

槽

注意："槽"命令只能对圆柱面或圆锥面进行操作，而旋转轴是选定面的轴。另外槽的定位和其他成型特征的定位稍有不同，即只能在一个方向上（沿着目标实体的轴）定位槽，这需要通过选择目标实体的一条边及工具（槽）的边或中心线来定位槽。

下面以一个范例来介绍创建槽设计特征的典型操作步骤。

步骤 1：打开已有的零件模型，单击"插入"→"设计特征"→"槽"命令（图 3.4.5），系统弹出"槽"对话框，如图 3.4.6 所示。

图 3.4.5　添加槽特征

步骤 2：在"槽"对话框中选择"矩形"，弹出"矩形槽"对话框，如图 3.4.7 所示。

图 3.4.6　"槽"对话框

图 3.4.7　"矩形槽"对话框

步骤3：单击选取图3.4.8所示的圆柱面为槽的放置面。

步骤4：系统弹出"矩形槽"对话框，从中设置槽直径和宽度，如图3.4.9所示，然后单击"确定"按钮。

图3.4.8 矩形槽放置面

图3.4.9 设置矩形槽参数

步骤5：系统弹出图3.4.10所示的"定位槽"对话框，此时需要确定槽的位置，如图3.4.11所示，分别选取目标边（基准）和刀具边（槽边），选取完成后弹出"创建表达式"对话框（图3.4.12），输入该定位尺寸为0，单击"确定"按钮。

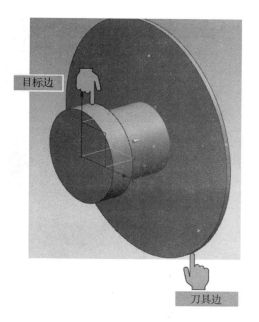

图3.4.10 "定位槽"对话框

图3.4.11 选取目标边和刀具边

步骤6：单击"关闭"按钮来关闭"矩形槽"对话框，完成创建的矩形环形槽，如图3.4.13所示。

图 3.4.12 "创建表达式"对话框

图 3.4.13 完成槽特征

3.4.3 键槽

在机械设计中，键槽主要用于轴、齿轮、带轮等零件上，发挥周边定位及传递扭矩的作用，使用"键槽"命令可以以直槽形状添加一条通道，使其穿过实体或在实体内部。

UG NX 10.0 键槽特征的类型包括矩形槽、球形端槽、U 形槽、T 形键槽和燕尾槽，下面对键槽类型进行较为详细的介绍。

键槽

1. 矩形槽

矩形槽用于沿底部创建具有锐边的键槽，如图 3.4.14 所示。

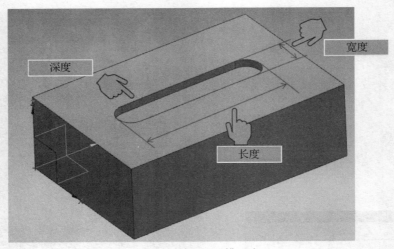

图 3.4.14 矩形槽示意

创建矩形槽的过程中，必须指定以下参数：

宽度：形成键槽的工具的宽度。

深度：键槽的深度，按照与键槽轴相反的方向测量，是指原点到键槽底面的距离。此值必须是正数。

长度：键槽的长度，按照平行于水平参考的方向测量，此值必须是正数。

2. 球形端槽

球形端槽用于创建具有球体底面和拐角的键槽，如图 3.4.15 所示。

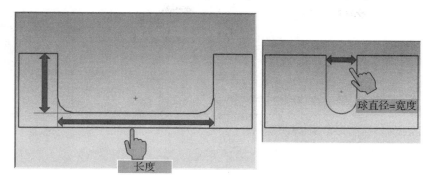

图 3.4.15　球形端槽示意

创建该类型的键槽，必须指定以下参数：

球直径：键槽的宽度（即刀具的直径）。

深度：键槽的深度，按照与键槽轴相反的方向测量，是指原点到键槽底面的距离。此值必须是正数。

长度：键槽的长度，按照平行于水平参考的方向测量，此值必须是正数。

注意：球形端槽的深度值必须大于球半径。

3. U 形槽

U 形槽用于创建一个 U 形键槽，此槽具有圆角和底面半径，如图 3.4.16 所示。

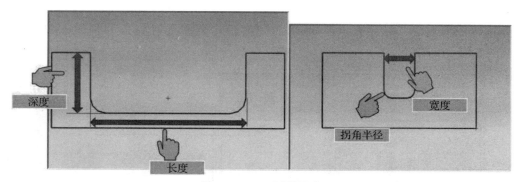

图 3.4.16　U 形槽示意

在创建 U 形槽的过程中，必须指定以下参数：

宽度：键槽的宽度（即切削刀具的直径）。

深度：键槽的深度，按照与键槽轴相反的方向测量，是指原点到键槽底面的距离，此值必须是正数。

拐角半径：键槽的底面半径（即切削刀具的边半径）。

长度：键槽的长度，按照平行于长度参考的方向测量，此值必须是正数。

注意：U 形槽的深度必须大于拐角半径。

4. T 形键槽

T 形键槽用于创建一个横截面为倒转 T 形的键槽，如图 3.4.17 所示。

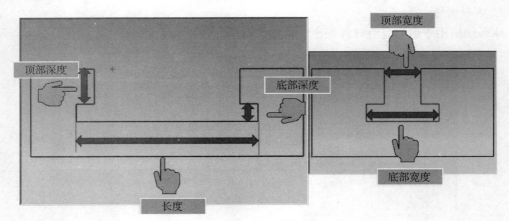

图 3.4.17　T 形键槽示意

要创建 T 形键槽，必须指定以下参数：

顶部宽度：狭窄部分的宽度，位于键槽的上方。

底部宽度：较宽部分的宽度，位于键槽的下方。

顶部深度：键槽顶部的深度，按键槽轴的反方向测量，是指键槽原点到测量底部深度值时的顶部的距离。

底部深度：键槽底部的深度，按刀轴的反方向测量，是指测量顶部深度值时的底部到键槽底部的距离。

长度：T 形槽底部总长度。

5. 燕尾槽

燕尾槽用于创建一个"燕尾"形状的键槽，此类槽具有尖角和斜壁，如图 3.4.18 所示。

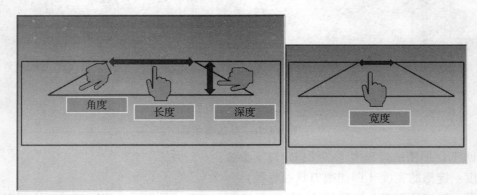

图 3.4.18　燕尾槽示意

要创建燕尾槽，必须指定以下参数：

宽度：在实体的面上键槽的开口宽度，按垂直于键槽刀轨的方向测量，其中心位于键槽原点。

深度：键槽的深度，按刀轴的反方向测量，是指原点到键槽底部的距离。

角度：键槽底面与侧壁的夹角。

长度：实体面上键槽开口的长度。

3.4.4 定位操作

在创建凸台、垫块、腔体等特征时，需要用到定位操作对特征进行位置的确定，接下来介绍常见的定位操作。

1. 水平定位

以目标对象上的点（或线）与刀具对象上的点（或线）所选水平参考方向的距离进行定位，如图 3.4.19 所示。

水平竖直定位

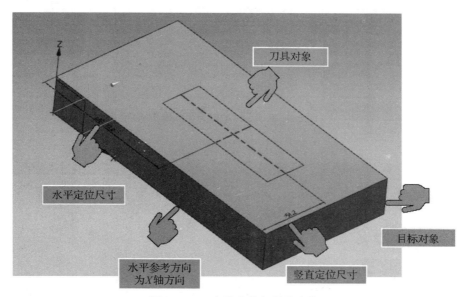

图 3.4.19 水平定位与竖直定位

2. 竖直定位

以目标对象上的点（或线）与刀具对象上的点（或线）沿垂直于所选的水平参考方向的距离进行定位，如图 3.4.19 所示。

3. 平行定位

以目标对象上的点与刀具对象上的点之间的距离定位，如图 3.4.20 所示。

平行垂直定位

4. 垂直定位

以目标对象上的点到目标对象上的边的垂直距离进行定位，如图 3.4.20 所示。

5. 按一定距离平行定位

以目标对象上的边与刀具对象上边之间的距离进行定位，如图 3.4.21 所示。

按一定距离
平行

6. 角度定位

以目标对象上的边与刀具对象的边之间的夹角进行定位，如图 3.4.22 所示。

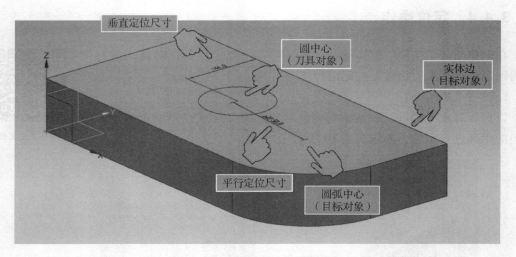

图 3. 4. 20　平行定位与垂直定位

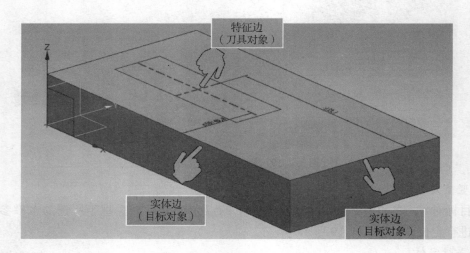

图 3. 4. 21　按一定距离平行定位

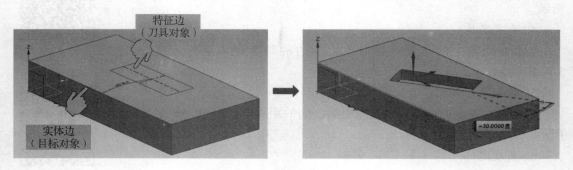

图 3. 4. 22　角度定位

7. 点落在点上定位

以目标对象上的点和刀具对象上的点重合进行定位，如图 3.4.23 所示。

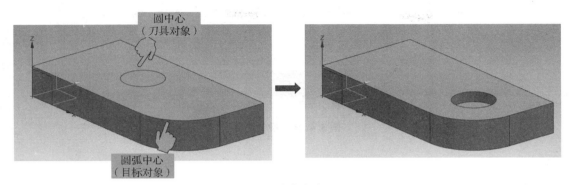

图 3.4.23　点落在点上定位

8. 点落在线上定位

以刀具对象上的点到目标对象的垂直距离为 0 进行定位，如图 3.4.24 所示。

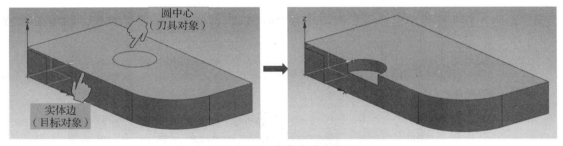

图 3.4.24　点落在线上定位

9. 线落在线上定位

以目标对象上的边与刀具对象的边重合进行定位，如图 3.4.25 所示。

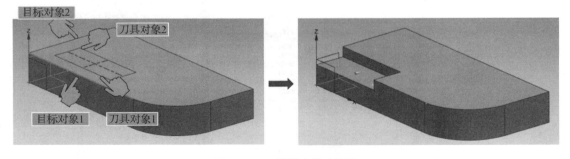

图 3.4.25　线落在线上定位

 设计思路

　　该阶梯轴零件可以有多种方法完成，为了练习应用更多的草图绘制命令，本例题的绘制思路如图 3.4.26 所示。请扫描二维码，思考其他方法。

阶梯轴

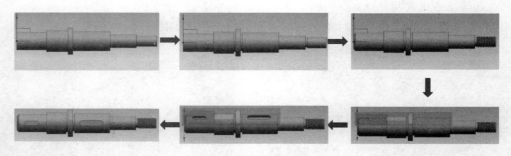

图 3.4.26　设计思路

步骤 1：新建文件。

选择"文件"选项卡中的"新建"创建一个新的文件，或在标准工具栏中单击"新建"图标，出现"新建"对话框，单击"模型"选项卡，然后在"模板"的"单位"中选择"毫米"作为建模单位，将名称修改为"阶梯轴"，单击"确定"按钮，如图 3.4.27所示。

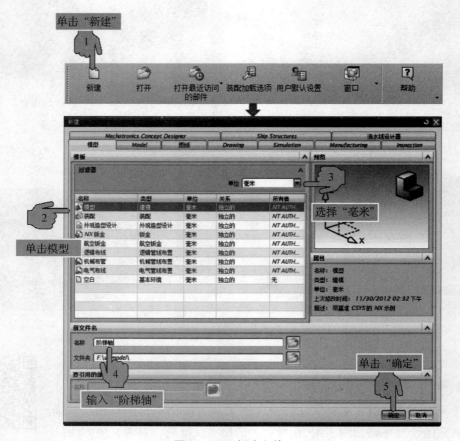

图 3.4.27　新建文件

步骤 2：创建阶梯轴的回转部分。

（1）在 YZ 平面创建如图 3.4.28 所示的草图，轴线位置与 Y 轴重合，轴的左端面与 Z 轴重合。按图中尺寸完全约束草图后，单击"完成草图"按钮 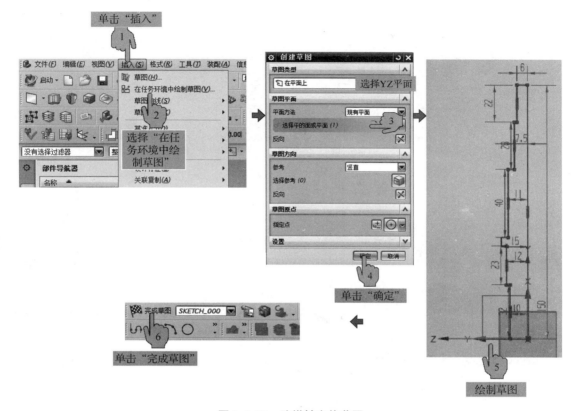 。

图 3.4.28　阶梯轴主体草图

（2）单击"插入"→"设计特征"→"回转"命令，弹出"旋转"对话框。通过绕轴旋转截面来创建旋转特征，选择上一步创建的草图截面线，轴选择 Y 轴，旋转角度开始为 0、结束为 360，单击"确定"按钮，得到轴的实体，如图 3.4.29 所示。

步骤 3：创建 $\Phi24$ 圆柱面上的 2×2、$\Phi22$ 圆柱面上的 2×2 和 $\Phi12$ 圆柱面上 2×1 的槽特征。

（1）创建 $\Phi24$ 圆柱面上的 2×2 的槽：单击"插入"→"设计特征"→"槽"命令或单击槽命令图标，选择矩形槽，选择放置的 $\Phi24$ 圆柱面，单击"确定"按钮，在系统弹出的"矩形槽"对话框中输入槽的直径为 20、宽度为 2，然后单击"确定"按钮，选择目标边和刀具边后输入定位尺寸为 0，给槽完成定位后，单击"确定"按钮，得到如图 3.4.30 所示的沟槽。

（2）同理，创建 $\Phi22$ 圆柱面上的 2×2 和 $\Phi12$ 圆柱面上 2×1 的槽特征，两个沟槽尺寸如图 3.4.31 所示。

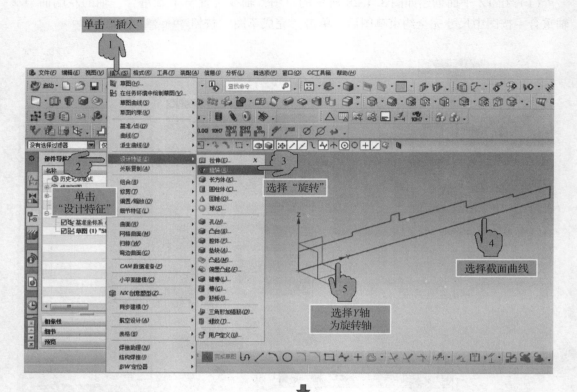

单击"插入"

单击"设计特征"

选择"旋转"

选择截面曲线

选择Y轴为旋转轴

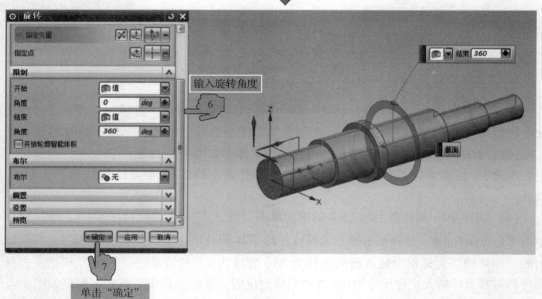

输入旋转角度

单击"确定"

图 3.4.29　旋转得到轴的主体

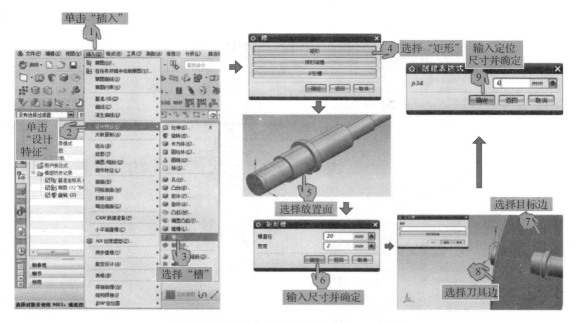

图 3.4.30 创建 $\Phi24$ 圆柱面上的 2×2 的槽

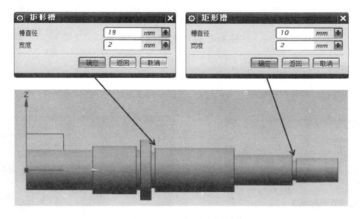

图 3.4.31 创建其他槽

步骤 4：创建 C1 及 C2 倒斜角。

单击"插入"→"细节特征"→"倒斜角"命令或者单击"倒斜角"命令图标，分别选择轴的左右两端，将"偏置"选项下的横截面设置为"对称"或者"偏置和角度"，在 $\Phi20$ 轴径端面处倒斜角 C2，在 $\Phi12$ 轴径端面处倒斜角 C1，可完成不同大小倒斜角特征的创建，如图 3.4.32 所示。

步骤 5：创建 M12 螺纹。

单击"插入"→"设计特征"→"螺纹"命令或单击"螺纹"图标，在螺纹类型中选择"详细"，选择右端 $\Phi12$ 圆柱面，系统弹出"螺纹"对话框，输入长度为 20、螺距为 2、角度为 60，选择起始面为轴的右端面，单击"确定"按钮，结果如图 3.4.33 所示。

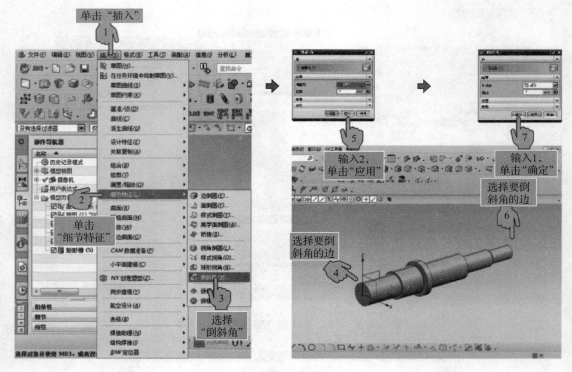

图 3. 4. 32 创建倒斜角

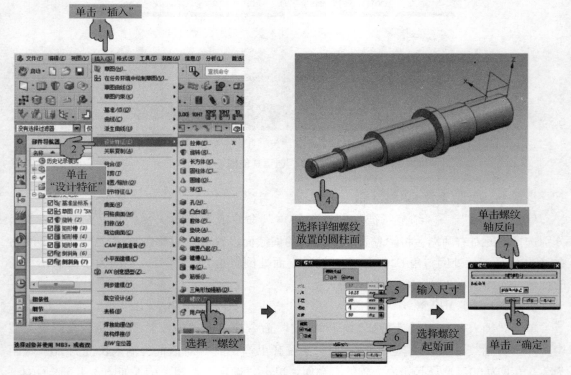

图 3. 4. 33 创建螺纹

步骤 6：创建基准平面。

由于键槽特征只能在平面放置，因此需要创建与 $\Phi20$ 和 $\Phi22$ 圆柱面相切的基准平面作为键槽的放置平面。单击"插入"→"基准/点"→"基准平面"命令或直接单击"基准平面"命令图标 ，在类型中选择"自动判断"，选 $\Phi20$ 圆柱面和 XY 平面为参考几何体，并输入角度为 0，单击"应用"按钮。同理，完成另一个基准平面的创建（与 $\Phi22$ 圆柱面相切且平行于 XY 平面）。

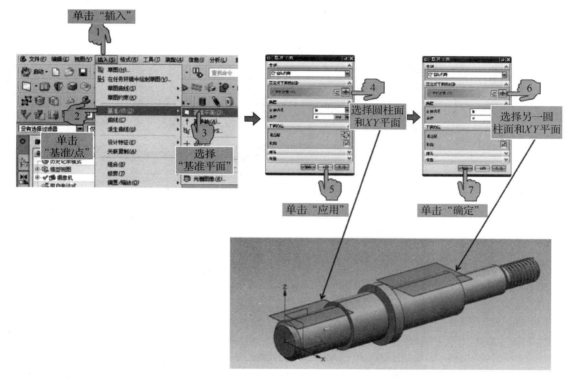

图 3.4.34　创建基准平面

步骤 7：创建键槽。

单击"插入"→"设计特征"→"键槽"选项或单击"键槽"命令图标 ，选择"矩形槽"，选择上一步创建的第二个基准平面为放置面，单击"确定"按钮，选择键槽的放置方向，将水平参考设置为 Y 轴，在"矩形键槽"对话框中输入键槽的长度为 25（水平方向）、宽度为 6、深度为 3.5，然后单击"确定"按钮，弹出"定位"对话框，选择水平定位方式，弹出"水平"对话框，目标体选择轴的左端面的倒斜角的边，将设置圆弧的位置选择"圆弧中心"，刀具边选择键槽的左端圆弧，将设置圆弧的位置选择"相切边"，输入水平定位尺寸为 8.5，按照此方法完成竖直定位和角度定位（方法参考视频，若不进行竖直定位和角度定位，则键槽位置欠定义）。完成键槽定位后，得到一个键槽特征。同理，创建另一个键槽特征，在"矩形键槽"对话框中输入键槽的长度为 15、宽度为 5、深度为 3，水平定位尺寸为 7.5，最后得到的结果如图 3.4.35 所示。

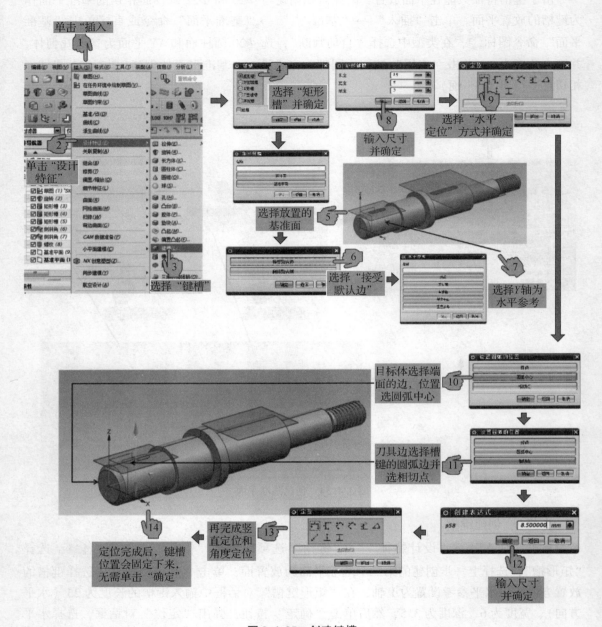

图 3.4.35　创建键槽

步骤 8：完成阶梯轴零件。

按住【Ctrl】键逐个选择创建的基准平面与草图，然后隐藏所有草图和基准（按【Ctrl + B】组合键），保存文件。完成阶梯轴零件的实体造型，如图 3.4.36 所示。

图 3.4.36　阶梯轴零件

 考核评价

学生姓名			组名			班级		
小组成员								
考评项目			分值	要求		学生自评	小组互评	教师评定
知识能力		识图能力	5	正确性				
		菜单命令	10	正确率、熟练程度				
		建模思路	20	合理性、多样性				
		产品建模	40	合理性、正确性、简洁性				
		问题与解决	10	解决问题的方式与成功率				
职业素养		文明上机	5	卫生情况与纪律				
		团队协作	5	相互协作、互帮互助				
		工作态度	5	严谨认真				
成绩评定			100					
心得体会								

任务 3.5　三通零件设计

学习任务			三通零件设计			
姓名			学号		班级	
任务目标	知识目标	• 掌握扫描特征中扫掠和管道命令的使用 • 掌握薄壁零件常用的抽壳命令的使用 • 掌握同步建模模块中替换面、移动面、删除面、设为共面及偏置区域命令的用法				
	能力目标	• 能够正确运用扫掠、管道命令绘制管道主体 • 能够正确利用凸台、孔等命令完成管道类零件的修饰特征 • 能够正确使用镜像特征、阵列特征命令完成特征的关联复制				
	素质目标	• 培养严谨的学风和科学的求知精神 • 培养不怕困难、求真务实的职业精神				
任务描述		完成下图所示的三通零件，主要涉及管道、拉伸、凸台、孔及阵列面命令的应用				
学习笔记						

三通零件因为三端都可以与管子连接而命名，其材料可以是碳钢、合金钢、不锈钢等。三通零件主要为管件、管道连接件，由管道主体、凸台和孔等组成，其壁厚可以按要求设计制造，可用在主管道及分支管处，应用于海洋、石油、石化、船舶、电力、热力、天然气、制药、乳品、啤酒、饮料、水利等工程。

3.5.1　扫掠

扫掠特征是用规定的方法沿一条空间的路径移动一条曲线而产生的体，其中移动曲线称为截面线串，路径为引导线串。截面线串和引导线串都需要事先准备，因为在扫掠特征命令中无法绘制曲线，只能选择曲线。设计者在创建过程中可使用多种方法控制沿着引导线串的形状。

要创建扫掠特征，可以选择"插入"→"扫掠"，弹出"扫掠"对话框，如图 3.5.1 所示。创建此类扫掠特征，需要选择曲线定义截面，指定引导线（最多 3 条），设置截面选项（包括"截面位置"选项、"对齐方法"选项、"定位方法"选项和"缩放方法"选项）等。

扫掠

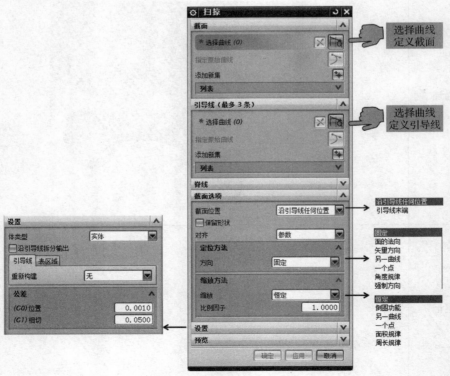

图 3.5.1　"扫掠"对话框

创建简单扫掠特征的实例如图 3.5.2 所示。

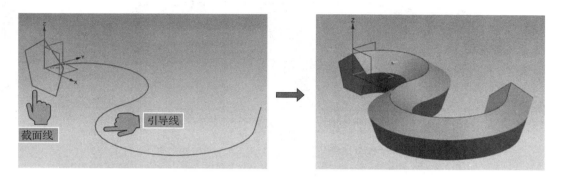

图 3.5.2　扫掠特征实例

3.5.2　管道

管道

使用"管道"命令可以通过曲线扫掠圆形横截面来创建管道类特征，设置外径和内径参数可以更改管道尺寸。创建管道特征的对话框如图 3.5.3 所示。

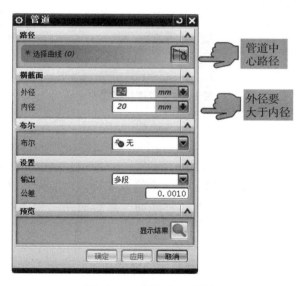

图 3.5.3　"管道"对话框

注意：管道外径尺寸必须大于内径尺寸，内径尺寸可以为零。

下面以一个实例说明管道特征的创建过程。

步骤 1：绘制草图。单击"插入"→"在任务环境中插入草图"，选择 YZ 平面为草绘平面，绘制如图 3.5.4 所示的形状，然后单击"完成草图"按钮。

步骤 2：单击"插入"按钮，选择扫掠下的管道命令，选择上一步所绘制的曲线为管道中心路径，并分别设置外径为 24、内径为 20，生成如图 3.5.5 所示的管道特征。

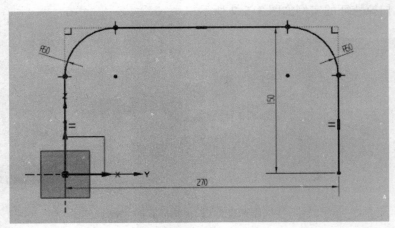

图 3.5.4　管道中心路径

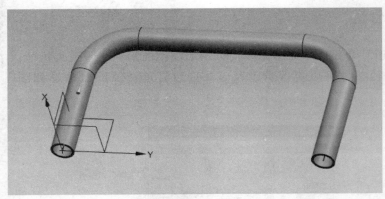

图 3.5.5　管道特征实例

3.5.3　抽壳

抽壳

抽壳是指通过应用壁厚并打开选定的面来修改实体。"抽壳"命令可以利用指定的壁厚来抽空一个实体，有"移除面，然后抽壳"和"对所有面抽壳"两种类型。

1. 移除面，然后抽壳

对于有开口造型的壳体，可选择"移除面，然后抽壳"类型，需要定义以下几方面内容。

开口面：在模型中要冲裁的面，所选择的面将被穿透。

厚度：保留的面的厚度。如果要为特定面指定不同的厚度，则在"抽壳"对话框中展开"备选厚度"选项组，单击该选项组中的"面"按钮，接着选择要为其指定不同厚度的面，并设置相应的厚度，必要时可更改默认的厚度尺寸。

2. 对所有面抽壳

可以采用"对所有面抽壳"类型的抽壳来创建没有开口的壳体。进行该操作时，需要选择要抽壳的体，壳的偏置方向是所选体的面的法向，并设置厚度的加厚方向等，必要时可以设置备选厚度等参数。

下面以抽壳的基本操作为例创建壳体。

步骤 1：打开体素特征，指定点为坐标原点，创建长、宽、高分别为 100 mm、200 mm、50 mm 的长方体，如图 3.5.6 所示。

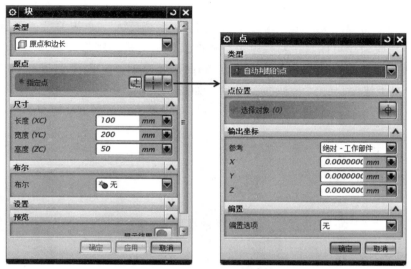

图 3.5.6　创建长方体

步骤 2：选择"插入"→"偏置/缩放"→"抽壳"命令，选择"移除面，然后抽壳"类型，选择长方体的 3 个相邻面为移除面，分别设置三个保留面的厚度为 5 mm、10 mm、20 mm，如图 3.5.7 所示。

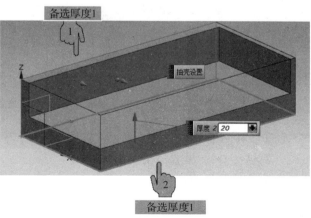

图 3.5.7　抽壳实例

3.5.4 替换面

"替换面"命令属于同步建模命令。同步建模命令主要用于修改一个模型,与模型的来源、相关性和特征历史无关,模型可以从其他 CAD 系统读入、非相关性,而且可以是没有特征的。同步建模命令可以直接对模型进行修改,能大大提高工作效率。

使用"替换面"命令可以对高(或低)的面进行替换,从而得到第三方的形状。选择"插入"→"同步建模"→"替换面"命令,如图 3.5.8 所示。

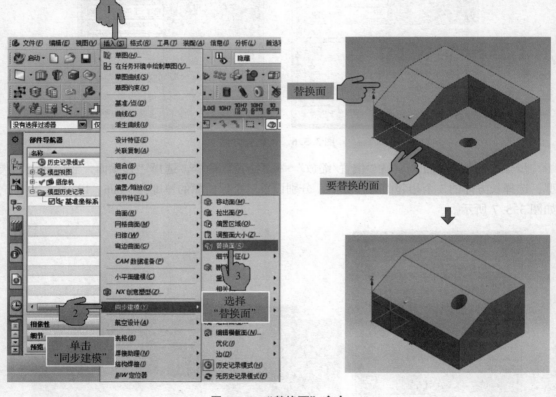

图 3.5.8 "替换面"命令

"替换面"对话框如图 3.5.9 所示,需要指定要替换的面、用于替换的面(或平面)、偏置距离(默认为 0)、设置溢出行为等。

注意:选择的替换面必须在同一模型上,且形成一个边缘连接的组合面。

偏置区域

3.5.5 偏置区域

"偏置区域"命令属于同步建模命令,可实现单个(或一组)面到要求位置,以满足设计需求。该命令可以使单个(或一组)面偏离当前位

图 3.5.9 "替换面"对话框

置，调节相邻圆角面以适应，最终生成实体。使用"偏置区域"命令，需要选取一个（或多个）需要进行偏置的面，并输入相应的偏置距离。单击"插入"→"同步建模"→"偏置区域"选项或单击"偏置区域"图标 ，弹出"偏置区域"对话框，如图 3.5.10 所示。

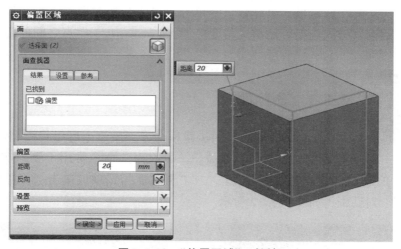

图 3.5.10 "偏置区域"对话框

注意：通过该对话框中的"面查找器"可以勾选与选中面有线管对应关系的面，如偏置、对称、共轴、共面、等半径、相切等。

UG NX 10.0 里关于面的偏置有 3 个命令——偏置面、偏置曲面和偏置区域，其中使用"偏置曲面"命令得到的是片体，而使用"偏置面"和"偏置区域"命令得到的是实体，而且"偏置面"与"偏置区域"命令有很大程度的相似性，需根据建模要求选取命令。

3.5.6 移动面

"移动面"命令属于同步建模命令，该命令可以移动并旋转一个面，同时与移动对象相邻的面会自动调整并适应，通过"移动面"命令可以更改模型尺寸。单击"插入"→"同步建模"→"移动面"选项或单击"移动面"图标，弹出"移动面"对话框，如图3.5.11所示。

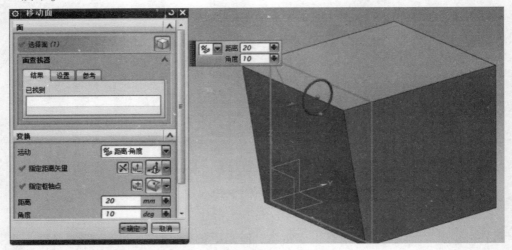

图 3.5.11　"移动面"对话框

选择要进行移动的面或面组，会出现"手柄"，选择移动的方向，拖拽"手柄"至合适位置，或者在"变换"区域输入具体数值，单击"确定"按钮即可完成操作。其中，"变换"区域的"运动"方式包括"距离－角度""距离""角度""点之间的距离""径向距离""点到点"等。

3.5.7　删除面

删除面

"删除面"命令属于同步建模命令。该命令可以将模型的一个（或多个）面删除，以封闭空区域。"删除面"命令常用于删除实体上的凸台、腔体及孔等。单击"插入"→"同步建模"→"删除面"选项或单击"删除面"图标，弹出"删除面"对话框，如图3.5.12所示。

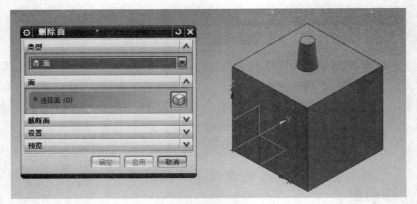

图 3.5.12　"删除面"对话框

设计者可以在"删除面"对话框的"类型"中选择"面""圆角""孔"或"圆角大小"，如图3.5.13所示。各类型选项的含义如下：

面：删除任何面集合。

圆角：删除恒定半径倒圆、凹口倒圆、陡峭倒圆和半径不恒定的倒圆面。

孔：删除指定大小的孔。

圆角大小：删除指定大小的恒定半径倒角。

选择要删除的一个（或多个）面，可以生成不同的模型。若选择凸台的侧面及顶面，则凸台特征将被删除；若只选择凸台的顶面，则凸台的顶端会变尖、变长；若选择凸台的放置面和侧面，则会生成长方体。

图 3.5.13 删除面的类型

3.5.8 设为共面

"设为共面"命令属于同步建模命令。该命令用于将选定的运动平面以及与之相关的运动面组改变到与选定的固定平面（含基准平面）成共面的几何约束关系，其中固定平面可以与运动面不在同一个体。

设为共面的一般步骤如下：

步骤 1：单击"插入"→"同步建模"→"相关"→"设为共面"命令或者单击"设为共面"图标，弹出"设为共面"对话框，如图 3.5.14 所示。

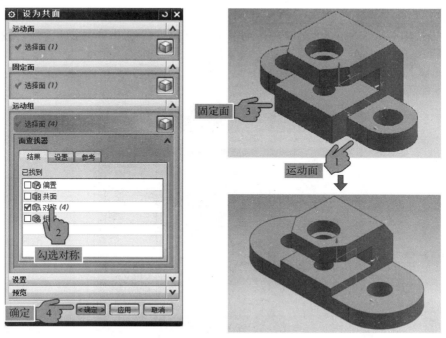

图 3.5.14 "设为共面"对话框

步骤 2：选择约束为共面的运动平面，使用面选择意图规则和面查找器选择要随运动平面一起移动的运动面组。

步骤 3：选择设为共面的固定平面并设置溢出行为。

该三通零件可以有多种方法完成，本例题的绘制思路如图3.5.15所示。请扫描二维码，思考其他方法。

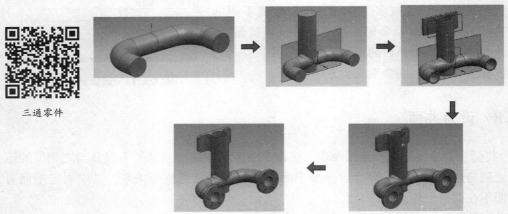

三通零件

图 3.5.15　设计思路

步骤1：新建文件。

如图3.5.16所示，选择"文件"选项卡中的"新建"创建一个新的文件，或在标准工

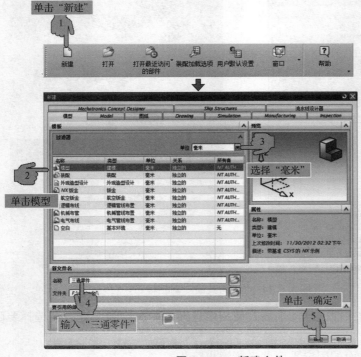

图 3.5.16　新建文件

具栏中单击"新建"图标🗋，出现"新建"对话框，单击"模型"选项卡，然后在"模板"的"单位"中选择"毫米"作为建模单位，创建一个文件名为"三通零件"的模型文件。

步骤2：创建水平管道特征。

（1）创建管道路径草绘：单击"插入"→"在任务环境中创建草图"命令，选择XY平面为草图创建平面，绘制草图后，单击"完成草图"按钮，如图3.5.17所示。

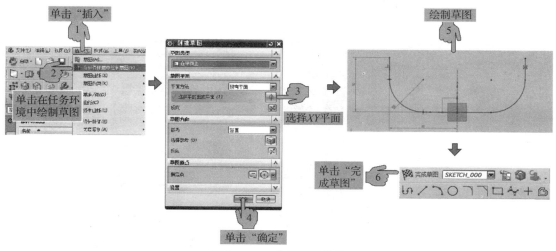

图3.5.17 水平管道草绘

（2）单击"插入"→"扫掠"→"管道"命令或单击"管道"命令图标，选择上一步绘制的图形为路径，输入外径为24、内径为0，单击"确定"按钮，生成水平管道特征，如图3.5.18所示。

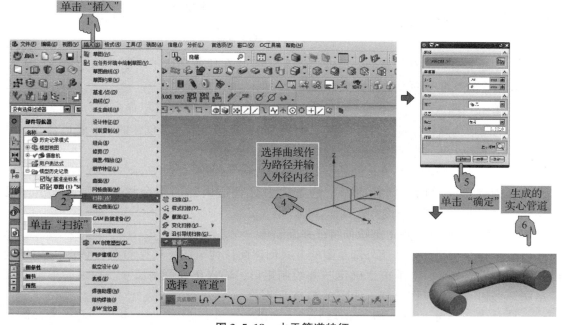

图3.5.18 水平管道特征

步骤3：创建竖直管道。

（1）创建竖直管道路径草绘所在平面：单击"插入"→"基准/点"→"基准平面"命令或单击"基准平面"命令图标 ⬜，选择 *YZ* 平面为参考对象，向 *X* 轴负方向偏移 5 mm，单击"确定"按钮，完成基准平面的创建，如图 3.5.19 所示。

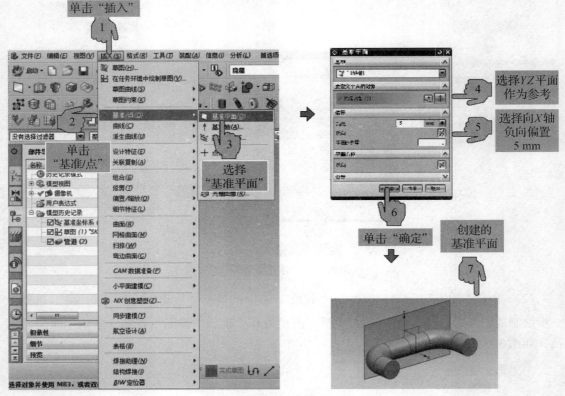

图 3.5.19　创建基准平面

（2）创建竖直管道路径草绘：单击"插入"→"在任务环境中绘制草图"命令，选择在上一步创建的基准平面上绘制竖直管道路径，如图 3.5.20 所示。

（3）单击"插入"→"扫掠"→"管道"命令或单击"管道"命令图标 🖉，选择上一步绘制的图形为路径，输入外径为 32、内径为 0，选择与上一步创建的水平管道合并，单击"确定"按钮，生成竖直管道特征，如图 3.5.21 所示。

（4）对竖直管道与水平管道的相交处倒圆角 *R*5，如图 3.5.22 所示。

（5）通过"移除面，然后抽壳"的方式去除管道内部的多余材料，保留管道厚度 2 mm，生成结果，如图 3.5.23 所示。

步骤4：创建竖直管道上部拉伸特征并倒圆角。

（1）创建拉伸草图：使用外部草图的方式创建此拉伸草图，选择图 3.5.19 所示中创建的基准平面为草图平面，单击"确定"并绘制矩形，输入正确草图尺寸并约束后单击"完成草图"按钮，完成草图绘制，如图 3.5.24 所示。

（2）单击"拉伸"图标 ⬛，选择上一步创建的草图为截面，限制选项内输入开始距离为 14 mm、结束距离为 19 mm，如图 3.5.25 所示。

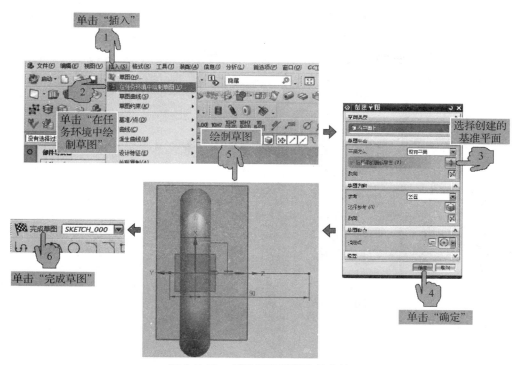

图 3.5.20 创建竖直管道路径草绘

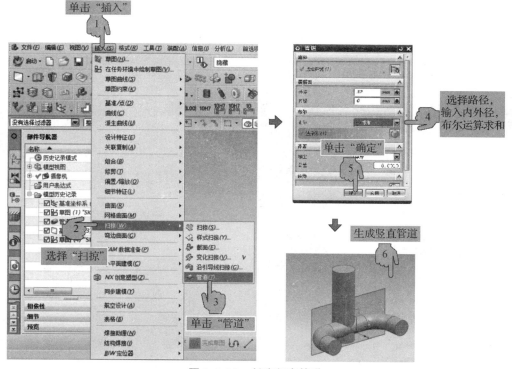

图 3.5.21 创建竖直管道

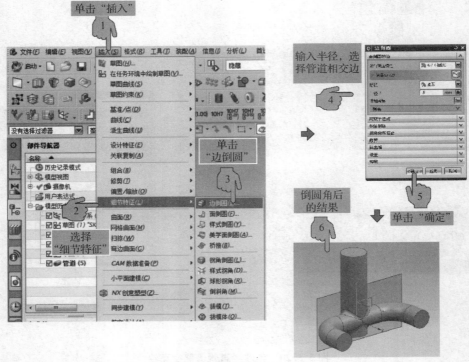

图 3.5.22 相交处倒圆角

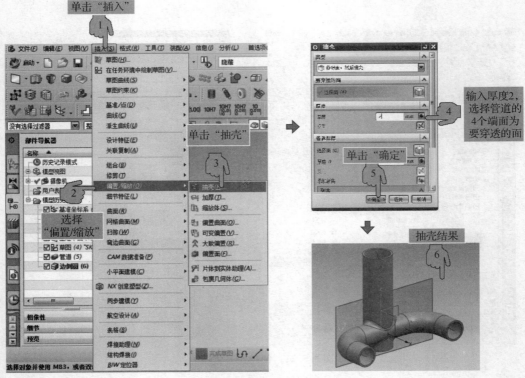

图 3.5.23 抽壳结果

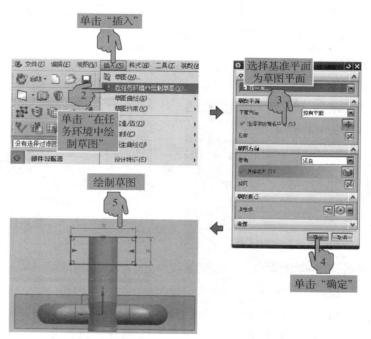

图 3.5.24 创建拉伸草图

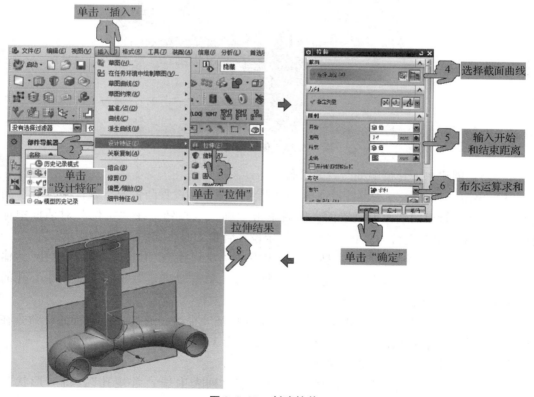

图 3.5.25 创建拉伸

（3）单击"倒圆角"命令图标，选择需要进行倒圆角的边，通过"添加新集"选项创建 R6 及 R2 两种大小的圆角，如图 3.5.26 所示。

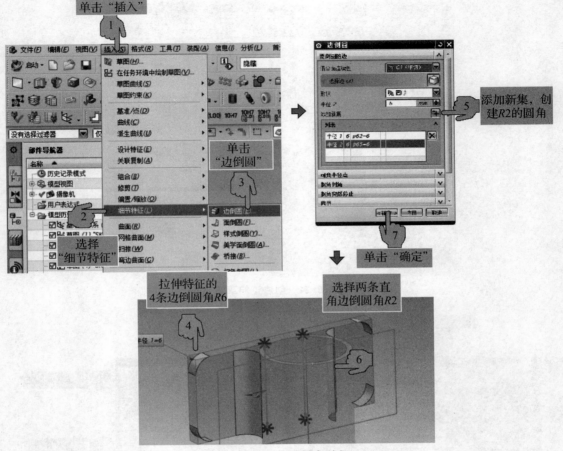

图 3.5.26　创建圆角特征

步骤 5：创建水平管道端部凸台并打孔。

（1）单击"插入"→"设计特征"→"凸台"命令，设置凸台的参数直径为 45，高度为 5，选择水平管道的端面为放置面，然后单击"确定"按钮，在"定位"对话框中选择通过"点落在点上"定位方式将凸台的中心定位在管道中心，如图 3.5.27 所示。

（2）在凸台中心处打孔，在类型下拉列表中选"常规孔"，形状选择"简单孔"，输入直径为 20、深度为 5，将孔的中心定位在凸台中心，单击"确定"按钮，完成中心孔的创建，如图 3.5.28 所示。

（3）单击"插入"→"关联复制"→"镜像特征"命令，通过"镜像特征"命令在水平管道另一端创建相同的凸台和中心孔，镜像平面为 XZ 平面，如图 3.5.29 所示。

步骤 6：创建水平管道端部凸台上的沉头孔。

（1）在凸台凸缘处打沉头孔，在"类型"下拉列表中选"常规孔"，将"形状"选"沉头孔"，输入沉头直径为 6.5、沉头深度为 2、直径为 3.4、深度为 5，将孔中心定位在距离凸台中心 $\phi35$ 的圆上并约束角度尺寸，完成单个凸台沉头孔的创建，如图 3.5.30 所示。

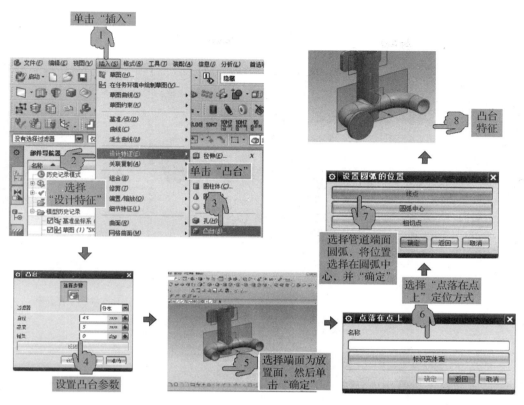

图 3.5.27 创建凸台特征

图 3.5.28 创建中心孔

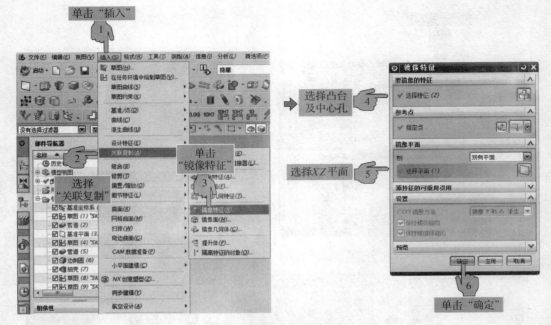

图 3. 5. 29　镜像凸台及中心孔

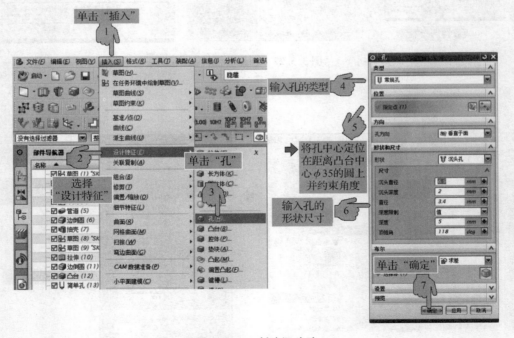

图 3. 5. 30　创建沉头孔

（2）单击"插入"→"关联复制"→"阵列特征"命令，将阵列特征选择沉头孔，在"布局"区域选择"圆形"阵列方式，选择旋转矢量 X 轴及指定点，输入数量为 6、节距角为 360°，单击"确定"按钮，完成沉头孔的圆形阵列，如图 3. 5. 31 所示。

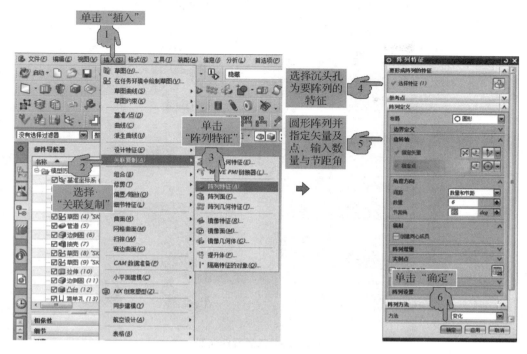

图 3.5.31　阵列沉头孔

（3）单击"插入"→"关联复制"→"镜像特征"命令，通过"镜像特征"命令将上一步创建的沉头孔特征镜像到另一端，镜像平面为 *XZ* 平面，如图 3.5.32 所示。

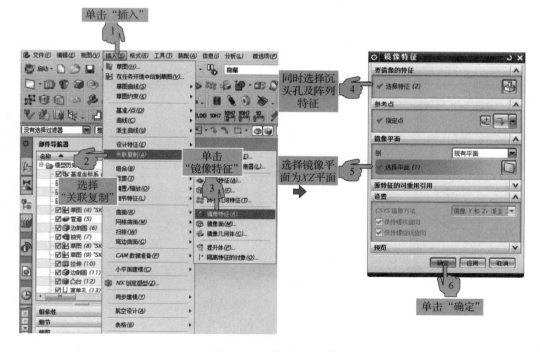

图 3.5.32　镜像沉头孔

步骤 7：选择所有的草图及基准并隐藏，完成三通零件的实体建模，如图 3.5.33 所示。

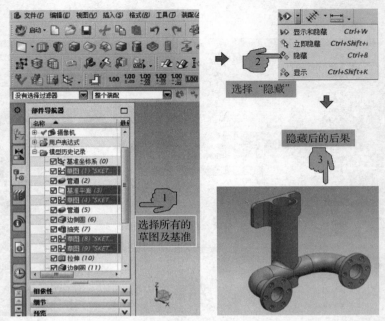

图 3.5.33　三通零件模型

考核评价

学生姓名		组名		班级		
小组成员						
考评项目		分值	要求	学生自评	小组互评	教师评定
知识能力	识图能力	5	正确性			
	菜单命令	10	正确率、熟练程度			
	建模思路	20	合理性、多样性			
	产品建模	40	合理性、正确性、简洁性			
	问题与解决	10	解决问题的方式与成功率			
职业素养	文明上机	5	卫生情况与纪律			
	团队协作	5	相互协作、互帮互助			
	工作态度	5	严谨认真			
成绩评定		100				
心得体会						
巩固提升	完成下图所示零件的绘制					

任务 3.6　印花轴设计

学习任务		印花轴设计			
姓名			学号		班级
任务目标	知识目标	• 掌握凸起和阵列面命令的使用方法 • 掌握修剪体、拆分体、缩放体命令的特点 • 掌握偏置曲面和偏置面命令的差异			
	能力目标	• 能够正确运用样条曲线命令绘制图形 • 能够正确创建凸起特征并且阵列			
	素质目标	• 培养一丝不苟的工匠精神 • 培养多方面思考问题的创新精神			
任务描述		完成下图所示印花轴零件图，主要涉及旋转、拉伸、凸起、阵列面命令的操作			
学习笔记					

 任务分析

　　印花轴零件主要为回转类零件，其形状组成主要有旋转体和凸起等，使用阵列面命令阵列凸起即可快速完成实体建模。

 知识链接

凸起

3.6.1　凸起

　　凸起是用沿着矢量投影截面形成的面修改体，可以选择端盖位置和形状。单击"插入"→"设计特征"→"凸起"或单击工具栏"凸起"图标 ，系统弹出"凸起"对话框，如图3.6.1所示。

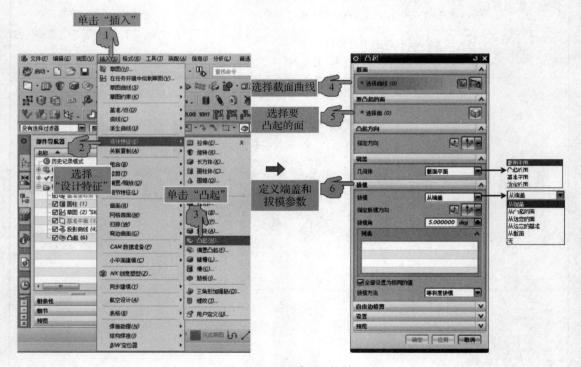

图3.6.1　"凸起"对话框

　　在选择截面曲线时，将选择过滤器改为"相连曲线"选项，接着选中正五边形中的任意一条边就可以选中整个正五边形，选择圆柱的外圆面为要凸起的面，默认凸起方向；展开"端盖"选项，将"几何体"选择"凸起的面"，在"位置"类型中选择"偏置"，在"距离"文本框中输入"5"；展开"拔模"选项，将拔模方向设置为"从端盖"，并将所有拔模角度设置为0；将"自由边修剪"和"设置"选项保持默认。完成创建该凸起特征后的模型效果如图3.6.2所示。

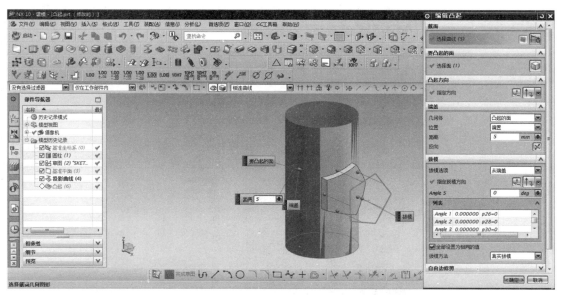

图 3.6.2　凸起特征示例

3.6.2　阵列面

"阵列面"命令要阵列的对象为面，在功能使用上与"阵列特征"命令有些相似，使用"阵列面"命令可以通过阵列边界、实例方位、旋转和删除等选项将一组面复制到各类型的阵列或布局（如线性、圆形、多边形、螺旋式、沿、常规、参考和螺旋线），然后将这些面添加到体中。其中，阵列布局各类型的含义如下。

线性：使用一个（或两个）线性方向定义布局。

圆形：使用旋转轴和可选的径向间距参数定义布局。

多边形：使用正多边形和可选的径向间距参数定义布局。

螺旋式：使用螺旋路径定义布局（平面形式）。

沿：定义一个布局，该布局遵循一个连续的曲线链和可选的第二曲线链或矢量。

常规：使用按一个（或多个）目标点或者坐标系定义的位置来定义布局。

参考：使用现有阵列的定义来定义布局。

螺旋线：使用螺旋路径定义布局（空间立体形式）。

单击"插入"→"关联复制"→"阵列面"命令或单击工具栏"阵列面"图标 ，弹出"阵列面"对话框，如图 3.6.3 所示。

1）"线性"阵列布局

如图 3.6.4 所示，选择孔的侧面为要阵列的面，定义两个线性阵列的方向、阵列的数量及节距参数，可以在长方形薄板上阵列出多个圆孔面。

2）"圆形"阵列布局

如图 3.6.5 所示，选择孔的侧面为要阵列的面，定义圆形阵列的旋转轴为 Z 轴、角度方向中的数量和节距角，可以在圆形薄板上阵列出多个圆孔面。

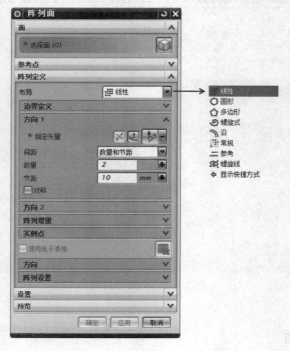

图 3.6.3 "阵列面"对话框

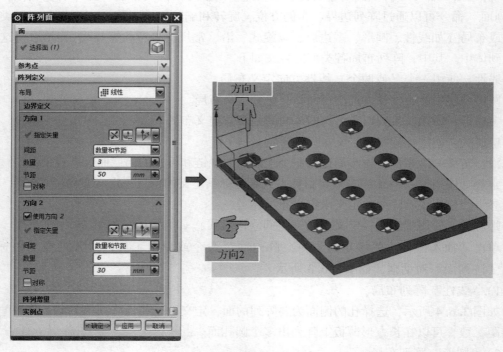

图 3.6.4 线性阵列布局示例

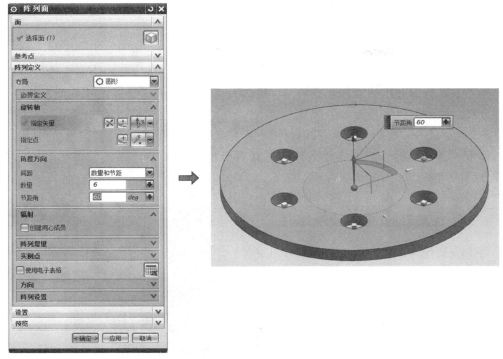

图 3.6.5 圆形阵列布局示例

3.6.3 修剪体

"修剪体"命令是利用面或基准平面修剪掉一部分体，目标为要修剪的体，工具为修剪用的面或基准平面。

单击"插入"→"修剪"→"修剪体"命令或者单击"修剪体"图标 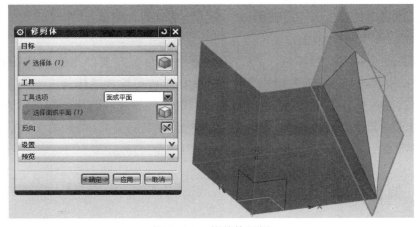，弹出"修剪体"对话框，选择要修剪的体和工具面即可，单击"反向"按钮可以选择要保留的一侧。图 3.6.6 所示为用平面修剪掉正方体一角。

图 3.6.6 修剪体示例

3.6.4 拆分体

"拆分体"命令是利用面、基准平面或另一个几何体将一个体分割为多个体。目标为要拆分的体，工具为拆分用的面、基准平面（可以是多个面）或者新建的拉伸或旋转几何体。完成拆分后，原来的体将分为多个部分。

单击"插入"→"修剪"→"拆分体"选项或单击拆分体图标 ，系统弹出"拆分体"对话框，选择要拆分的体为正方体，选择拆分的工具面为球面，单击"确定"按钮，得到拆分后的结果，如图3.6.7所示。

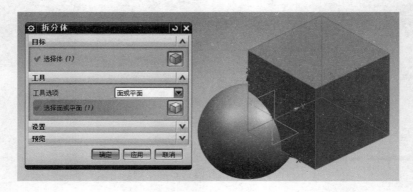

图3.6.7 拆分体示例

3.6.5 缩放体

使用"缩放体"命令可以在"工作坐标系"中按比例缩放一个（或多个）实体和片体，可以使用均匀比例，也可以在 XC、YC 和 ZC 方向上独立地调整比例。比例类型有均匀、轴对称和常规。

均匀：在所有方向上均匀地按比例缩放。

轴对称：以指定的比例因子（或乘数）沿指定的轴对称缩放。

常规：在 X、Y 和 Z 方向上以不同的比例因子缩放。

单击"插入"→"偏置/缩放"→"缩放体"命令，或者单击缩放体图标 ，弹出"缩放体"对话框，选择"类型"为"常规"，选择要进行缩放的体为上面的长方体，将缩放 CSYS 的原点选在长方体底面中心，这样做的目的是使缩放后的长方体仍然紧贴下面圆柱的上表面，分别设置 XC、YC 和 ZC 方向的比例因子为2、3、4，得到的缩放前后的效果对比如图3.6.8所示。

3.6.6 偏置曲面

"偏置曲面"命令用于创建一个或多个现有面的偏置曲面，使用后将产生新的片体。

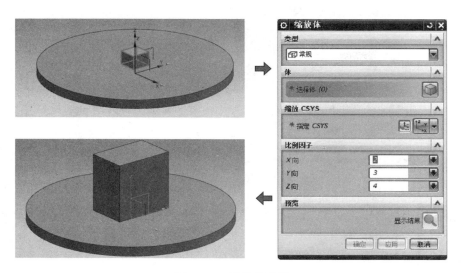

图 3.6.8　缩放体示例

单击"插入"→"偏置/缩放"→"偏置曲面"命令，或者单击"偏置曲面"图标🔲，弹出"偏置曲面"对话框。将面规则选择为"相切面"，选中模型中的与圆角相邻的平面或圆角面为要偏置的面，输入偏置 1 的距离数值为 20，单击"确定"按钮，完成偏置曲面的创建，如图 3.6.9 所示。

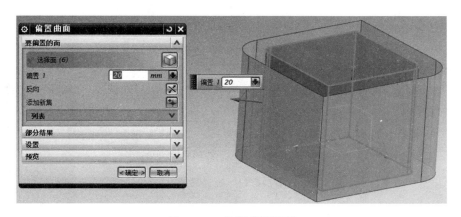

图 3.6.9　偏置曲面示例

3.6.7　偏置面

"偏置面"命令是将用户选定的面沿着其法向方向偏置一段距离，从而产生模型的变化，偏置面不能够产生新的面。

单击"插入"→"偏置/缩放"→"偏置面"命令或者单击"偏置面"图标🔲，弹出"偏置面"对话框，选择模型的侧面为要偏置的面，输入偏置距离数值为 20，得到新的模型，如图 3.6.10 所示。

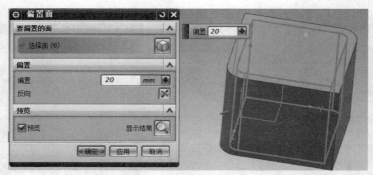

图 3.6.10 偏置面示例

印花轴绘制

 设计思路

该印花轴零件可以有多种方法完成，为了练习应用更多的零件建模方法，本例题的设计思路如图 3.6.11 所示。请扫描二维码，思考其他方法。

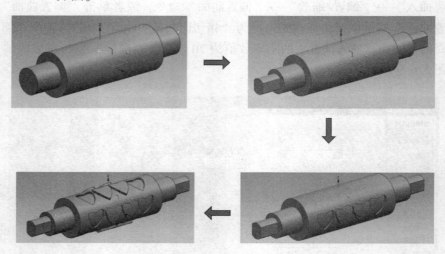

图 3.6.11 设计思路

 任务实施

步骤 1：新建文件。

单击"新建文件"图标，创建一个文件名为"印花轴零件"的模型文件，如图 3.6.12 所示。

步骤 2：创建旋转体。

单击"插入"→"设计特征"→"旋转"命令或单击"旋转"图标。这里采用内部草图来创建旋转，草图平面为 YZ 平面，绘制完内部草图后单击"完成草图"按钮。旋转轴指定矢量为 Y 轴，指定点为原点，开始角度为 0°，结束角度为 360°，单击"确定"按钮完成旋转特征创建，如图 3.6.13 所示。

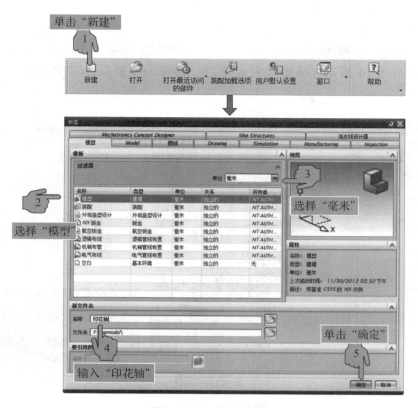

图 3.6.12 新建文件

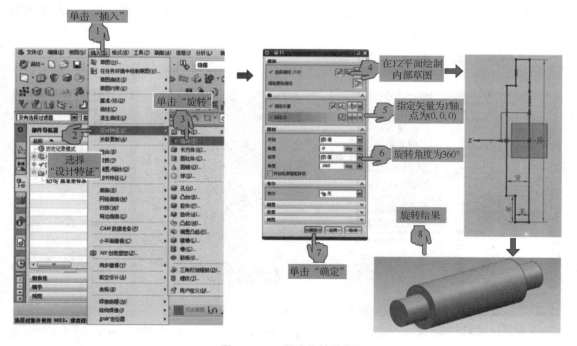

图 3.6.13 创建旋转特征

步骤3：创建两端拉伸体。

（1）创建拉伸体。单击"插入"→"设计特征"→"拉伸"命令或单击"拉伸"图标。这里采用内部草图来创建拉伸，选上一步创建的旋转体的端面作为草图平面，草图形状及尺寸如图3.6.14所示，单击"完成草图"按钮，设置拉伸深度为50，最后生成的拉伸。

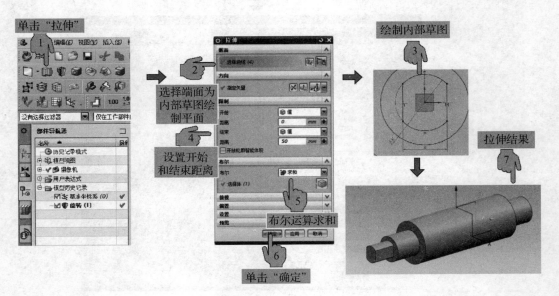

图3.6.14　创建拉伸体

（2）单击"插入"→"关联复制"→"镜像特征"命令，将拉伸特征关于 *XZ* 平面镜像到另一端，如图3.6.15所示。

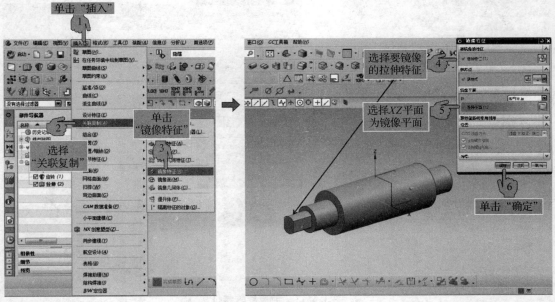

图3.6.15　镜像拉伸体

步骤 4：创建凸起外部草图。

单击"插入"→"在任务环境中绘制草图"，选择 YZ 平面作为草图平面，可利用参考线、样条曲线、镜像曲线、阵列曲线等命令创建草图，其中线性阵列数量为 4、方向为 X 轴正向、节距为 50，如图 3.6.16 所示。

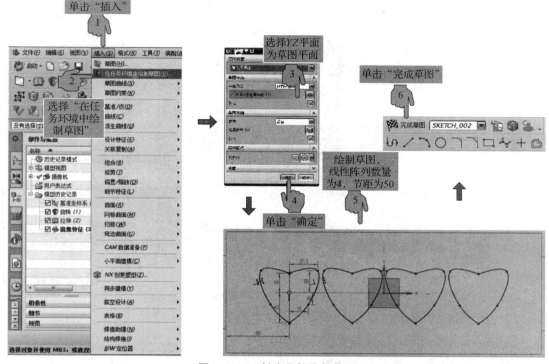

图 3.6.16　创建凸起外部草图

步骤 5：创建凸起。

（1）创建凸状的凸起。单击"插入"→"设计特征"→"凸起"命令，弹出"凸起"对话框，为了便于选择需要凸起的曲线（中间两个图形之一）作为截面，可以将模型显示状态更改为"静态线框"。接下来选择圆柱面为要凸起的面，凸起方向为默认方向，将"端盖"下拉选项中"几何体"设置为"凸起的面"，"位置"设为"偏置"，距离为 5，"拔模"选项中的参数值都设置为 0，单击"应用"按钮完成一个凸状凸起，如图 3.6.17 所示。采用同样方式，完成另一个凸状凸起的建模。

（2）创建凹状的凸起。单击"插入"→"设计特征"→"凸起"命令，选择需要凸起的曲线（两端两个图形之一）作为截面，选择圆柱面为要凸起的面，凸起方向为默认方向，将"端盖"下拉选项中"几何体"设置为"凸起的面"，"位置"设为"平移"，距离为 −5，"拔模"选项中的参数值都设置为 0，单击"应用"按钮完成一个凹状凸起，如图 3.6.18 所示。采用同样方式，完成另一个凹状凸起的建模。

步骤 6：阵列面。单击"阵列面"命令图标 ，一次选择步骤 5 创建的 4 个凸起的所有面（共 12 个），指定阵列布局为圆形，指定旋转轴矢量为 Y 轴，指定点为轴的中心点，设置阵列数量为 5，设置跨角为 360°，单击"确定"按钮完成阵列，如图 3.6.19 所示。

三维造型设计

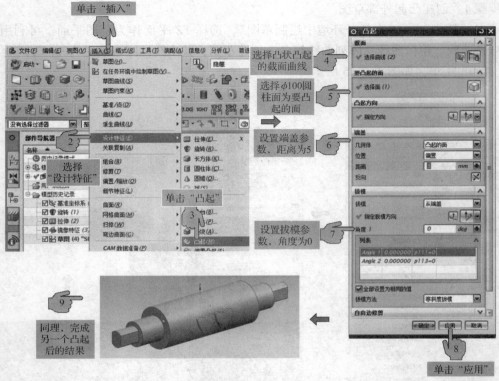

图 3.6.17　创建凸状凸起

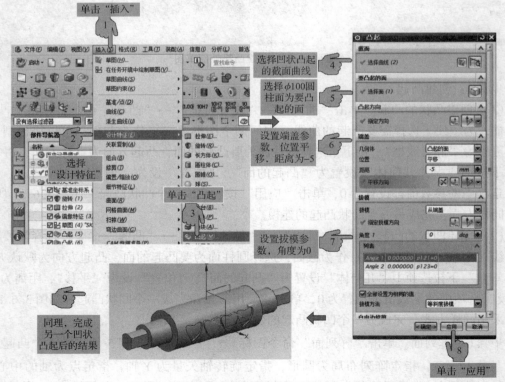

图 3.6.18　创建凹状凸起

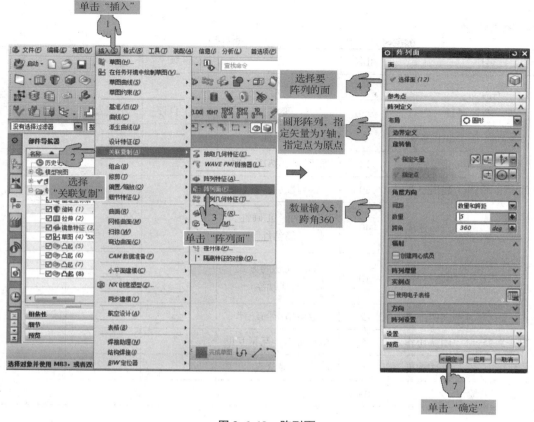

图 3.6.19 阵列面

步骤 7：选择草图与基准坐标系并隐藏，完成印花轴的实体建模，如图 3.6.20 所示。

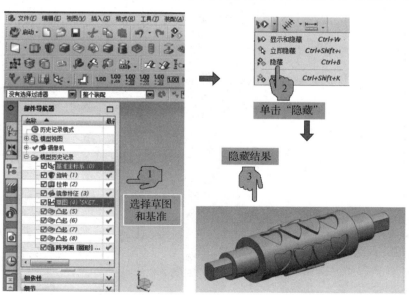

图 3.6.20 印花轴模型

考核评价

学生姓名			组名			班级		
小组成员								
考评项目			分值	要求		学生自评	小组互评	教师评定
知识能力		识图能力	5	正确性				
		菜单命令	10	正确率、熟练程度				
		建模思路	20	合理性、多样性				
		产品建模	40	合理性、正确性、简洁性				
		问题与解决	10	解决问题的方式与成功率				
职业素养		文明上机	5	卫生情况与纪律				
		团队协作	5	相互协作、互帮互助				
		工作态度	5	严谨认真				
成绩评定			100					
心得体会								

项目小结

　　完成零件设计这一项目的任务，需要掌握典型零件三维模型的创建方法与技巧，熟练运用各类特征命令的创建方法进行高效率建模，灵活使用布尔运算，巧用镜像特征与阵列特征，明确特征创建顺序对零件形状及尺寸的影响，从而在思路正确并且建模方法熟练的基础上完成常见零件的模型创建。

　　通过各个任务的学习，掌握：基本体素（长方体、圆柱体、圆锥、球）的创建方法及应用；基准（基准平面、基准轴、基准点）的创建方法及应用；扫描特征（拉伸、旋转、扫掠、管道）的创建方法与应用；布尔运算（合并、减去、相交）的灵活运用；关联复制（镜像特征、镜像几何体、阵列特征、阵列几何体、阵列几何特征、阵列面）的巧妙使用；成型特征（孔、键槽、槽、螺纹、凸起等）的创建方法与定位操作；细节特征（边倒圆、倒斜角、拔模）的创建方法及应用；偏置/缩放（抽壳、缩放体、偏置曲面、偏置面）的创建方法及应用；修剪（修剪体、拆分体等）的创建方法与应用；同步建模（替换面、移动面、删除面、偏置区域、设为共面）的合理运用。

　　在学习过程中要注重于通过任务案例来思考建模思路和步骤，许多特征命令在使用上有相通性也有差异，应通过学习某类特征命令的使用触类旁通地掌握更多命令的使用。三维建模是 UG 软件的基础和重要部分，掌握零件建模对该软件的其他模块的学习有重要作用。

项目 3 习题

项目 4　曲面零件设计

　　UG NX 中的曲面设计主要用于设计形状复杂的零件，其功能强大、使用方便，已成为三维造型设计的重要组成部分。曲线是构成模型的基础，曲线构造质量的好坏直接关系到所生成的曲面与实体的质量。通过对曲线创建与编辑命令和曲面创建与编辑命令的学习，可以达到以下目的：

　　（1）熟练运用曲线创建与编辑命令完成空间三维曲线的创建。

　　（2）熟练运用曲面创建与编辑命令完成中等复杂曲面零件的设计。

　　本项目通过三个任务，完成曲面零件设计主要命令的讲解，主要内容包括：

　　◆ 常用空间曲线的创建与编辑。

　　◆ 常用创建曲面的方法。

　　◆ 曲面的编辑。

任务 4.1　水杯设计

任务工单

学习任务		水杯设计			
姓名		学号		班级	
任务目标	知识目标	• 熟练掌握常用空间曲线创建、编辑的方法和步骤 • 掌握创建各种曲面的方法（曲线成片体、通过曲线网格等命令） • 掌握曲面的编辑（加厚、缝合等命令）			
	能力目标	• 能够使用绘制曲线工具绘制较复杂的三维空间曲线 • 能够选择适当的方法进行曲面造型设计			
	素质目标	• 培养团队协作能力 • 培养认真严谨的工匠精神			
任务描述		完成下图所示水杯的模型，主要涉及曲线、分割曲线、派生曲线、网格曲面、曲线成片体、缝合、加厚等命令的应用及操作			
学习笔记					

任务分析

　　水杯模型外表面主要为曲面，该模型创建过程中主要涉及的命令有直线和圆弧、基本曲线、分割曲线、派生曲线、网络曲面、曲线成片体、缝合、加厚等。

知识链接

4.1.1　曲线与曲面建模基础知识

1. 常用曲线命令

　　曲线是曲面的基础，是曲面设计中必不可少的命令，了解和掌握曲线的创建方法是学习曲面建模的基本技能。UG 软件为基础曲线功能提供了许多创建方法，可以创建多种曲线。基础曲线包括直线、圆弧、圆、矩形、椭圆和倒斜角等；高级曲线包括艺术样条、二次曲线、螺旋线和规律曲线等。灵活运用曲线的各种功能，可以绘制不同结构的三维轮廓。图 4.1.1 所示为常用"曲线命令"快捷菜单，图 4.1.2 所示为常用"曲线编辑"快捷菜单。

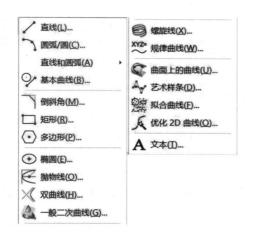

图 4.1.1　常用"曲线命令"快捷菜单　　　**图 4.1.2　常用"曲线编辑"快捷菜单**

2. 曲面与常用曲面命令

1）曲面

　　在 UG 中，创建的物体类型分为实体与片体两种。实体是具有一定体积和质量的，由封闭表面包围的实体性几何特征。片体是相对于实体而言的，片体只有表面，厚度为 0，没有体积，并且每个片体都是独立的几何体。任何片体、片体的组合或者实体的表面都是曲面。

2）常用曲面命令

　　图 4.1.3 所示为常用的曲面造型与曲面编辑命令。

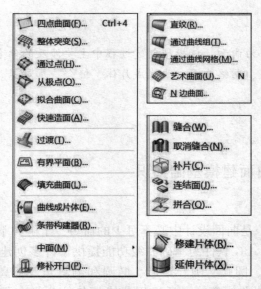

图4.1.3　常用的曲面造型与曲面编辑命令

3. 曲线与曲面建模的一般步骤

一般情况下，曲面建模的步骤如下：

步骤1：新建模型文件。

步骤2：利用曲线与曲线编辑命令创建零件的三维线架。

步骤3：利用曲面与曲面编辑命令创建曲面。

步骤4：利用曲面缝合或加厚等命令完成零件实体建模。

步骤5：检查模型，保存文件。

4.1.2　圆弧和圆

圆弧和圆是创建复杂几何曲线的基本图素之一，圆弧有"三点画圆弧"和"从中心开始的圆弧/圆"两种创建方法。

1. 三点画圆弧

选择"插入"→"曲线"→"圆弧/圆"命令，系统弹出"圆弧/圆"对话框。

三点画圆弧的创建步骤如图4.1.4所示，创建要素包括：圆弧起点、终点和半径值（或圆上点）。

2. 从中心开始的圆弧

从中心开始的圆弧的创建步骤如图4.1.5所示，创建要素包括中心点、圆上点（或半径值）。

3. 绘制整圆

在"圆弧/圆"对话框中，将"限制"选项中的"整圆"复选框勾选，即可用"三点画圆弧"或"从中心开始的圆弧/圆"方法绘制整圆。创建整圆的步骤如图4.1.6所示。

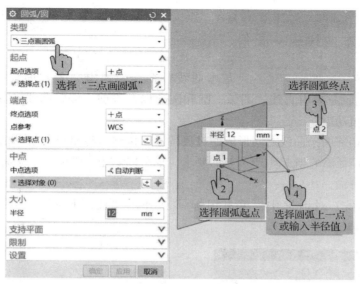

图 4.1.4　三点画圆弧

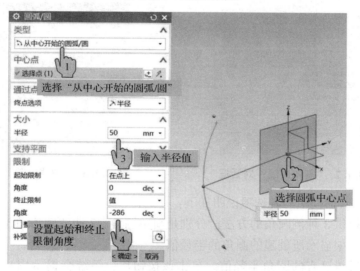

图 4.1.5　从中心开始的圆弧/圆

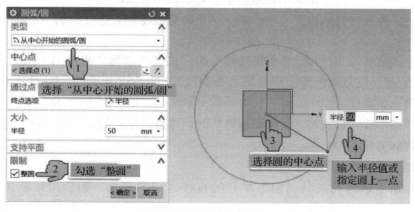

图 4.1.6　绘制整圆

4.1.3 基本曲线——圆角

选择"插入"→"曲线"→"基本曲线"命令，弹出"基本曲线"对话框，如图4.1.7所示。该对话框中有直线、圆弧、圆和圆角以及修剪、编辑曲线参数6个工具按钮。这里主要介绍圆角功能。

圆角就是在相邻两条曲线之间形成的过渡圆弧，该圆弧与相邻两曲线相切。圆角在机械设计中用途非常广泛，它既是生产工艺的要求，也可以防止零件应力过于集中而损坏，从而延长零件的使用寿命。

在"基本曲线"对话框中，单击图标 ，弹出"曲线倒圆"对话框，如图4.1.8所示。

图 4.1.7 "基本曲线"对话框

图 4.1.8 "曲线倒圆"对话框

"曲线倒圆"对话框中的各选项说明如下：

方法：系统提供3种倒圆角的方法，分别是简单圆角、2曲线圆角和3曲线圆角。

半径：文本框中显示所创建的圆角的半径值。

继承：用来继承已有的圆角半径值。单击该按钮后，系统会提示用户选择已存在的圆角；选定后，系统将所选圆角的半径值显示在对话框半径文本框中。

修剪第一条曲线：勾选该复选框，则倒圆角时系统将修剪选择的第一条曲线，反之则不修剪。

修剪第二条曲线：当选择"2曲线圆角"时，该复选框为"修剪第二条曲线"；当选择"3曲线圆角"时，该复选框为"删除第二条曲线"。勾选该复选框，则倒圆角时将修剪或删除选择的第二条曲线。

修剪第三条曲线：当选择"3曲线圆角"时，该复选框被激活。勾选该复选框，则倒圆角时，系统将修剪所选择的第三条曲线。

1. 简单圆角

简单圆角用于创建两条共面但不平行的直线之间的圆角。创建简单圆角的过程如图4.1.9所示。

图 4.1.9　简单圆角创建过程

注意：创建简单圆角时，鼠标左键需要在两条曲线将要制作圆角处确定圆心的大致位置，光标半径内应该包括所需要选取的两条直线，且光标十字准线的焦点应该在两直线夹角的内部，只有光标处于这样的位置时单击才能生成简单圆角。

2. 2 曲线圆角

2 曲线圆角与简单圆角类似，区别是：创建简单圆角时，两条曲线自动修剪；创建 2 曲线圆角时，两条曲线既可以修剪也可以不修剪，用户可以自行选择。创建 2 曲线圆角的过程如图 4.1.10 所示。

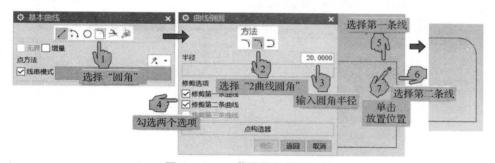

图 4.1.10　2 曲线圆角创建过程

注意：在选择多个圆角对象时，应该按逆时针顺序选择各对象，才能保证生成的圆角是要得到的圆角。

3. 3 曲线圆角

3 曲线圆角是指在同一平面上的任意相交的 3 条曲线之间创建圆角，创建 3 曲线圆角的过程如图 4.1.11 所示。

图 4.1.11　3 曲线圆角创建过程

4.1.4 派生曲线——截面曲线

派生曲线是指通过现有的曲线，用镜像、偏置、投影和桥接等方式生成新的曲线，主要包括桥接曲线、偏置曲线、投影曲线、相交曲线、截面曲线、镜像曲线、等参数曲线等曲线命令。

选择"插入"→"派生曲线"命令，可以看到派生曲线包括如图 4.1.12 所示的各种曲线命令。下面主要介绍截面曲线。

"截面曲线"命令是通过将平面与体、面或曲线相交来创建曲线或点。单击"插入"→"派生曲线"→"截面"命令，弹出如图 4.1.13 所示的"截面曲线"对话框。截面曲线的创建类型有选定的平面、平行平面、径向平面和垂直于曲线的平面四种。

图 4.1.12 "派生曲线"命令

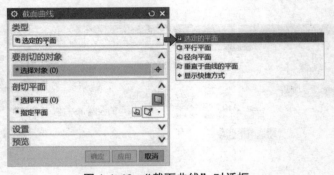

图 4.1.13 "截面曲线"对话框

截面曲线的创建过程如图 4.1.14 所示。

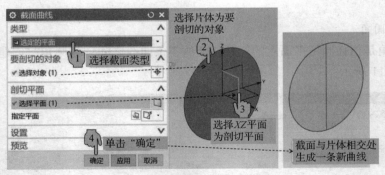

图 4.1.14 截面曲线的创建过程

4.1.5 高级空间曲线——艺术样条

艺术样条曲线的创建方法有两种——根据极点、通过点。选择"插入"→"曲线"→

"艺术样条"命令，弹出"艺术样条"对话框，如图 4.1.15 所示。

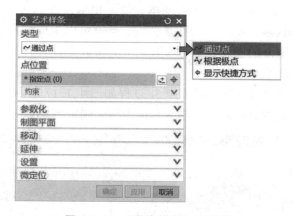

图 4.1.15　"艺术样条"对话框

1. 根据极点

根据极点是指艺术样条曲线不通过极点，其形状由极点形成的多边形控制。通过"根据极点"方式创建艺术样条曲线的操作过程如图 4.1.16 所示。

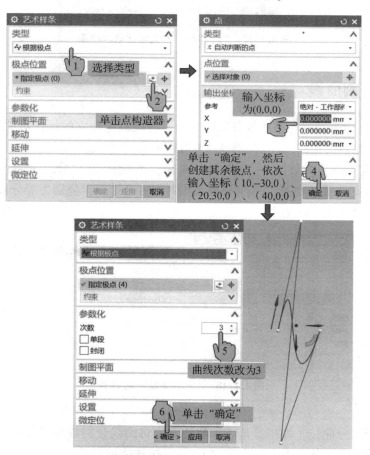

图 4.1.16　"根据极点"方式创建艺术样条

2. 通过点

艺术样条曲线还可以通过点的方式来创建。与"根据极点"方式不同的是："通过点"方式创建的样条曲线，点都在线上，只要创建两个点就可以生成样条曲线；而"根据极点"方式创建艺术样条时，所需的极点数量与参数化中的次数的设置有关，如设置次数为3，则至少需要4个点才能创建艺术样条。

利用"通过点"方式创建艺术样条的操作过程如图4.1.17所示。图中随意选择4个点生成艺术样条。也可以通过点构造器，输入具体坐标来确定各个点。

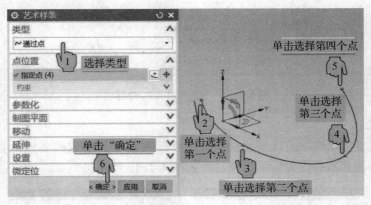

图4.1.17　"通过点"方式创建艺术样条

4.1.6　分割曲线

"分割曲线"命令是将一条曲线分割为多段，各段成为独立的操作对象。每一段分割后的曲线的线型与原曲线相同，并且分割后的曲线与原曲线处于同一层。

单击"编辑"→"曲线"→"分割"命令，系统弹出"分割曲线"对话框，如图4.1.18所示。分割曲线的"类型"下拉列表中共有五个选项，分别为等分段、按边界对象、弧长段数、在结点处和在拐角上。

图4.1.18　"分割曲线"对话框

1. 等分段

等分段用于等分曲线，即用等长或参数的方法将曲线分割成相同的段。选择该选项后，选择要分割曲线，设置等分参数，单击"确定"按钮完成操作。等分段方式分割曲线的操作过程如图4.1.19所示。

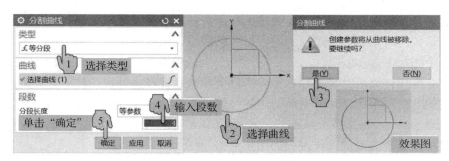

图 4.1.19   等分段分割曲线

2. 按边界对象

按边界对象用于按照选取的边界对象修剪曲线，边界对象可以是点、曲线、平面或者曲面。按边界对象方式分割曲线的操作过程如图 4.1.20 所示。

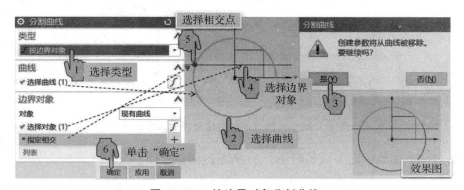

图 4.1.20   按边界对象分割曲线

3. 弧长段数

弧长段数用于通过指定分割曲线的长度分割曲线。

注意：当定义的弧长大于或者等于要分割曲线的总长时，将不能分割曲线。

4. 在结点处

在结点处用于使用样条曲线的结点分割曲线。

5. 在拐角上

在拐角上用于使用曲线的拐角作为分割点分割曲线。

4.1.7   曲线成片体

"曲线成片体"命令是通过选择的曲线创建片体，系统会根据用户所选择的不同曲线生成有界平面、圆柱体、圆锥体和拉伸体等。该命令针对的是封闭曲线。

选择"插入"→"曲面"→"曲线成片体"命令，系统弹出如图 4.1.21 所示的"从曲线获得面"对话框。用户可根据需要来确定是否勾选"按图层循环"和"警告"复选框。

图 4.1.21   "从曲线获得面"对话框

按图层循环：每次在一个图层上处理所有可选的曲线。要加速处理，就可能要启用此选项。这会使系统同时处理一个图层上的所有可选曲线，从而创建体。用于定义体的所有曲线必须在同一个图层上。

警告：在生成体以后，如果存在警告，就会导致系统停止处理并显示警告消息，会警告用户有曲线的非封闭平面环和非平面的边界。如果不勾选该复选框，则既不会警告用户，也不会停止处理。

曲线成片体创建曲面的操作过程如图4.1.22所示。

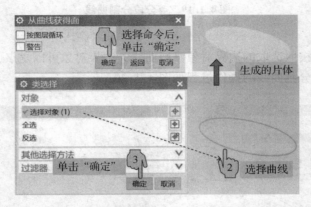

图4.1.22　曲线成片体创建曲面的操作过程

如果选择两条曲线，则生成如图4.1.23所示的圆锥片体。

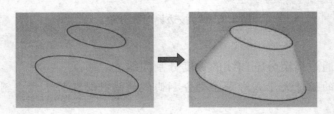

图4.1.23　曲线成片体生成圆锥体

4.1.8　通过曲线网格

"通过曲线网格"命令是通过使用沿着不同方向的两组线串来创建曲面。一组同方向的线串为主曲线，另一组与主线串不在同一方向的线串为交叉曲线，定义的主曲线与交叉曲线必须在设定的公差范围内相交。这种创建曲面的方法可以通过选择"插入"→"网格曲面"→"通过曲线网格"命令来实现，由于定义了两个方向的控制曲线，所以能够很好地控制曲面的形状，因此它是最常用的创建曲面的方法之一。通过曲线网格创建曲面的一般过程如图4.1.24所示。

注意：所选曲线的箭头方向要相同，否则会出现曲面扭曲；单击鼠标左键选择一条曲线之后，需要单击鼠标中间键进行确认，再选择另一条曲线。

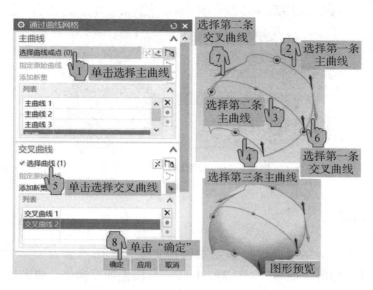

图 4.1.24　通过曲线网格创建曲面

4.1.9　缝合

"缝合"命令用于将公共边缝合在一起来组合片体，或通过缝合公共面来组合实体，即如果被缝合的片体封闭成一定体积，则缝合后可形成实体。

选择"插入"→"组合"→"缝合"命令，系统弹出"缝合"对话框，如图 4.1.25 所示。其中，"公差"值是指片体缝合时所允许的最大间隙。如果缝合片体之间的间隙大于设定的公差，则片体不能缝合，此时需要增大公差值才能缝合。

图 4.1.25　"缝合"对话框

曲面缝合的操作过程如图 4.1.26 所示。

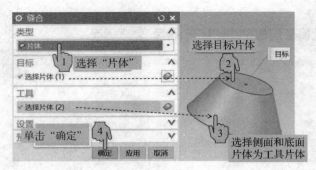

图 4.1.26　曲面缝合的操作过程

4.1.10　加厚

"加厚"命令用于为一组面增加厚度来创建实体。选择"插入"→"偏置/缩放"→"加厚"命令，系统弹出"加厚"对话框，可以进行曲面加厚操作。曲面加厚的操作过程如图 4.1.27 所示。

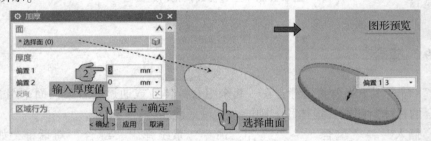

图 4.1.27　曲面加厚的操作过程

该水杯模型的创建思路为先通过空间曲线命令创建三维模型的线架，然后使用曲面的"创建"和"编辑"命令完成水杯实体模型的建立，详细步骤如图 4.1.28 所示。

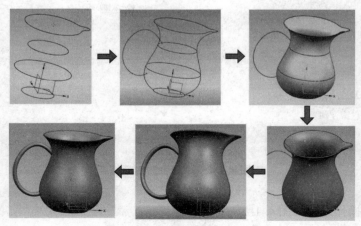

图 4.1.28　水杯模型设计思路

任务实施

步骤 1：水杯线架模型——圆与圆角的创建。

（1）调整基准平面，按下【F8】键，将 XY 平面调整到与屏幕平行。

（2）单击"插入"→"曲线"→"直线和圆弧"→"圆（圆心 – 半径）"命令，绘制水杯线架模型中的圆和圆角，具体步骤如图 4.1.29 所示。

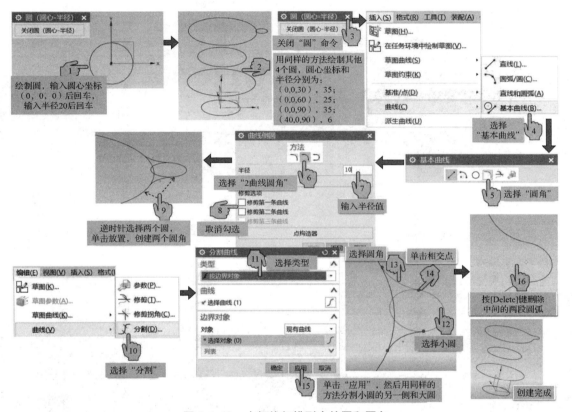

图 4.1.29　水杯线架模型中的圆和圆角

步骤 2：水杯线架模型——样条曲线的创建。

（1）杯身样条曲线的创建：首先通过"截面曲线"命令创建点，然后使用"通过点"的方式来创建样条曲线，创建过程如图 4.1.30 所示。

（2）水杯把手样条曲线的创建：通过输入坐标的形式创建点，然后使用"通过点"的方式来创建样条曲线，创建过程如图 4.1.31 所示。

步骤 3：水杯杯身曲面的创建。使用"通过曲线网络"命令创建水杯杯身曲面，创建过程如图 4.1.32 所示。

步骤 4：水杯杯身实体模型的生成。首先使用"缝合"命令将片体缝合，然后使用"加厚"命令使水杯杯身生成实体模型，创建过程如图 4.1.33 所示。

步骤 5：水杯把手的创建。通过"扫掠"命令创建水杯把手，创建过程如图 4.1.34 所示。

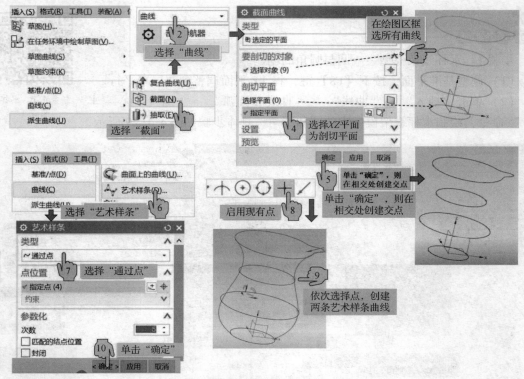

图 4.1.30　杯身样条曲线的创建

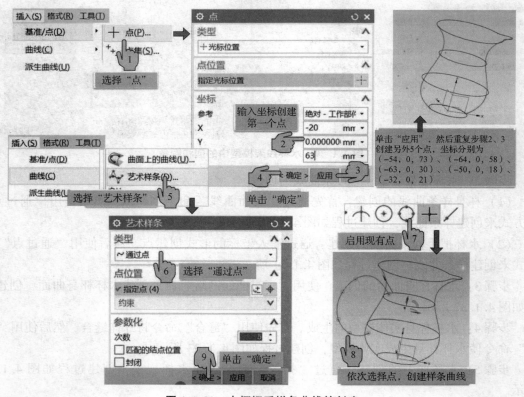

图 4.1.31　水杯把手样条曲线的创建

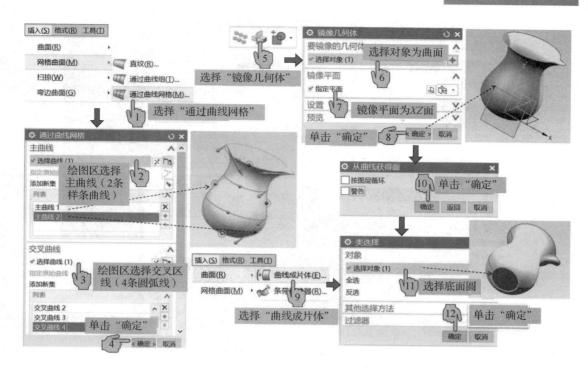

图 4.1.32　水杯杯身曲面的创建

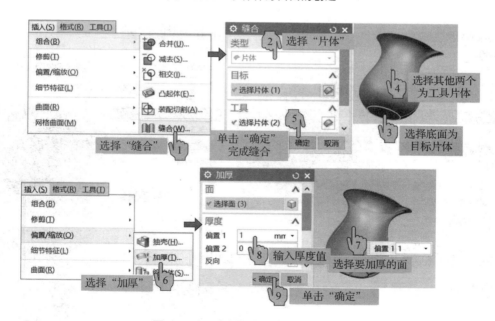

图 4.1.33　水杯杯身实体模型的生成

步骤 6：水杯模型细节处理。首先将水杯把手处多余的部分进行修剪，然后进行合并，最后进行边倒圆，完成水杯模型的创建，操作过程如图 4.1.35 所示。

步骤 7：保存文件。

任务 4.1　水杯创建 2

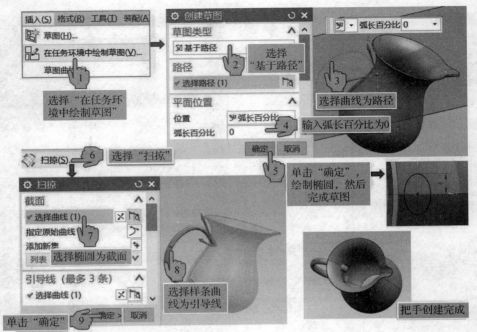

图 4.1.34　水杯把手的创建

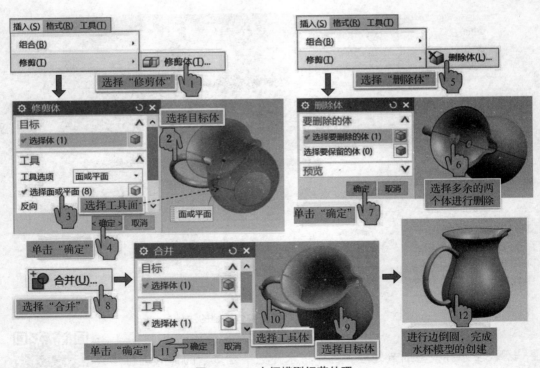

图 4.1.35　水杯模型细节处理

考核评价

学生姓名		组名		班级		
小组成员						
考评项目		分值	要求	学生自评	小组互评	教师评定
知识能力	识图能力	5	正确性			
	菜单命令	10	正确率、熟练程度			
	建模思路	20	合理性、多样性			
	产品建模	40	合理性、正确性、简洁性			
	问题与解决	10	解决问题的方式与成功率			
职业素养	文明上机	5	卫生情况与纪律			
	团队协作	5	相互协作、互帮互助			
	工作态度	5	严谨认真			
成绩评定		100				
心得体会						
巩固提升		完成下图所示水壶的三维空间曲线绘制及曲面建模				

任务 4.2 立体五角星设计

任务工单

学习任务		立体五角星设计			
姓名		学号		班级	
任务目标	知识目标	● 熟练掌握常用空间曲线创建、编辑的方法和步骤 ● 掌握创建各种曲面（直纹面、N 边曲面、有界平面等）的方法 ● 掌握曲面的编辑（修剪片体、缝合等命令）			
	能力目标	● 能够使用绘制曲线工具绘制较复杂的三维空间曲线 ● 能够选择适当的方法进行曲面造型设计			
	素质目标	● 培养团队协作能力 ● 培养认真严谨的工匠精神			
任务描述		完成下图所示立体五角星模型，主要涉及直线、圆、多边形等空间曲线的绘制及直纹面、N 边曲面、有界平面、修剪片体、缝合等曲面的应用及操作			
学习笔记					

立体五角星模型创建过程是先通过空间曲线构建线架，然后生成曲面，进而生成实体。主要涉及的命令有：直线和圆弧、多边形、N 边曲面、有界平面、修剪片体、缝合等。

4.2.1　直线

"直线"命令是通过两个指定点来绘制轮廓线，其参数可以通过"直线"对话框控制或直接输入数值，也可以拖动控制点来调整。

选择"插入"→"曲线"→"直线"命令，系统弹出"直线"对话框，如图 4.2.1 所示。通过该对话框中的"起点选项"和"终点选项"下拉列表，选择不同选项的组合类型，可以创建多种类型的直线。

（1）"起点选项"与"终点选项"下拉列表应用说明。

自动判断：系统自动捕捉模型的位置点作为直线的起点或终点。

点：通过选择参考点确定直线的起点或终点。

相切：通过选择圆、圆弧或曲线确定直线与其相切的起始或结束位置。

（2）"平面选项"下拉列表应用说明。

自动平面：通过自动平面确定创建直线的平面，一般为默认状态。

锁定平面：通过锁定某一平面确定创建直线的平面。

选择平面：选择现有的平面确定创建直线的平面。

当确定了直线的起点之后，"终点选项"下拉列表如图 4.2.2 所示。

图 4.2.1　"直线"对话框

图 4.2.2　"终点选项"下拉列表

下面介绍几种创建直线的方法和一般操作过程。

1. 直线（点－点）

使用点－点方法绘制直线时，用户可以在系统弹出的动态输入框中输入起点和终点相对于原点的坐标值来完成直线的创建，也可以使用鼠标左键选择相应的点来完成。点－点方法绘制直线的操作过程如图4.2.3所示。

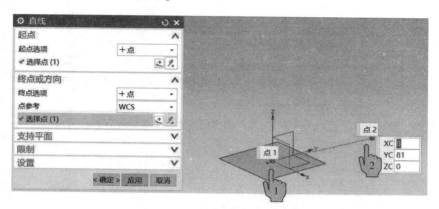

图4.2.3　点－点方法绘制直线的操作过程

2. 直线（点－相切）

使用点－相切方法绘制直线时，用户首先确定起点，然后在终点选项中选择"相切"，在绘图区选择圆、圆弧或曲线来确定直线与其相切的位置，即可完成直线的绘制。点－相切方法绘制直线的操作过程如图4.2.4所示。

图4.2.4　点－相切方法绘制直线的操作过程

3. 直线（点－沿 XC、点－沿 YC、点－沿 ZC）

使用点－沿 XC（沿 YC、沿 ZC）方法可以绘制与 *XC* 轴、*YC* 轴、*ZC* 轴共线的直线，用户可以通过输入直线的起点和直线的长度（或终点坐标）来确定直线。这种方法绘制直线的过程如图4.2.5所示。

4. 直线（点－平行）

选择"插入"→"曲线"→"直线和圆弧"→"直线（点－平行）"命令，系统弹出"直线（点－平行）"对话框，可以精确绘制一条与已有直线平行的线，绘制方法和步骤如图4.2.6所示。

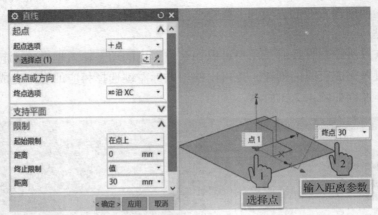

图 4.2.5　点 – 沿 XC 方法绘制直线

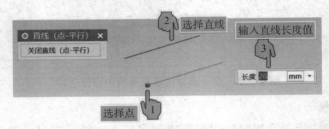

图 4.2.6　点 – 平行命令绘制直线

5. 直线（点 – 垂直）

直线（点 – 垂直）方法可以绘制一条直线的垂线，其创建方法与直线（点 – 平行）方法类似，这里不再赘述。

4.2.2　多边形

选择"插入"→"曲线"→"多边形"命令，用户可以根据需要创建正多边形。UG 系统提供了 3 种创建多边形的方式：内切圆半径、多边形边和外接圆半径。创建多边形的步骤如图 4.2.7 所示。

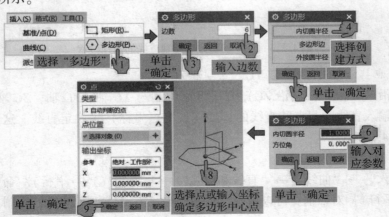

图 4.2.7　多边形的绘制

4.2.3　修剪曲线

使用"修剪"命令可以将曲线进行修剪或者延伸。选择"编辑"→"曲线"→"修剪"命令，系统弹出"修剪曲线"对话框，如图4.2.8所示。该对话框中各选项说明如下。

（1）方向：用于确定要修剪曲线与边界对象交点的判断方式。该下拉列表中包括 4 个选项：最短的 3D 距离、相对于 WCS、沿一矢量方向和沿屏幕垂直方向。

最短的 3D 距离：将曲线间最短距离的交点作为修剪边界。

相对于 WCS：修剪边界对象，沿着 Z 轴方向的拉伸面为修剪边界。

沿一矢量方向：修剪边界对象，沿着用户指定的矢量方向的拉伸面作为修剪边界。

沿屏幕垂直方向：修剪边界时，沿着垂直屏幕的方向为修剪边界。

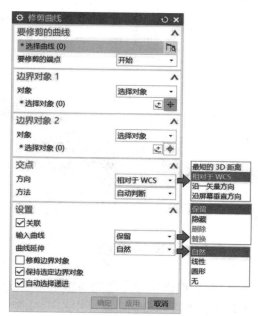

图 4.2.8　"修剪曲线"对话框

（2）关联：用于设置创建完成后曲线的关联性。如果启用该复选框，则修剪后的曲线与原曲线具有关联性。如果改变原曲线的参数，则修剪后的曲线与边界之间的关系自动更新。

（3）输入曲线：用于控制修剪后，原曲线的保留方式。该下拉列表中有四个选项：保留、隐藏、删除、替换。

保留：创建完成后，保留原曲线。

隐藏：创建完成后，隐藏原曲线。

删除：创建完成后，删除原曲线。

替换：创建完成后，替换原曲线。

（4）曲线延伸：当要修剪的对象是样条曲线时，利用该选项可以定义样条曲线的延伸方式。该下拉列表中有四种方式：自然、线性、圆形、无。

自然：沿样条曲线端点的自然路径方向延伸，延伸后的样条曲线不一定与边界对象相交。

线性：沿样条曲线端点的切线方向直线延伸。

圆形：使用圆形曲线延伸样条曲线。

无：对样条曲线不做修剪或者延伸处理。

（5）修剪边界对象：用于设置修剪的曲线与边界曲线之间互相修剪，即在修剪曲线的同时，边界对象也被修剪。

（6）保持选定边界对象：当修剪用的边界对象相同时，启用该选项，单击"应用"按钮后，边界对象保持被选中状态，无需再次选取。

（7）自动选择递进：选中该复选框，则选择修剪对象后系统会自动转到选择边界对象的状态下；如果不选中该复选框，则选择修剪对象后系统不会自动转到选择边界对象的状态下。

修剪曲线的操作过程如图4.2.9所示。

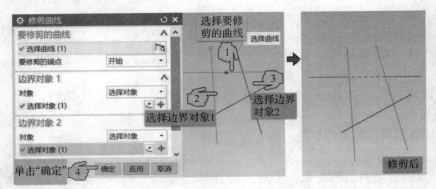

图4.2.9　修剪曲线的操作过程

4.2.4　N边曲面

"N边曲面"命令是指将多条相连接的曲线生成曲面。其中，曲线既可以封闭，也可以不封闭；既可以是同一平面中相连的曲线，也可以是空间相连曲线。

选择"插入"→"网格曲面"→"N边曲面"命令，系统弹出"N边曲面"对话框，选择相应曲线，设置参数与选项，即可生成曲面。N边曲面的操作过程如图4.2.10（a）所示；当设置选项中勾选"修剪到边界"复选框时，生成的曲面图4.2.10（b）所示。

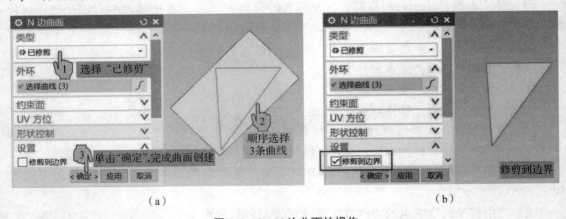

（a）　　　　　　　　　　　　　　　　　　（b）

图4.2.10　N边曲面的操作

（a）N边曲面的操作过程；（b）修剪到边界

4.2.5　直纹

直纹是通过两组截面线串而生成的片体。在创建直纹时，系统在两个截面线串之间创建线性过渡的曲面,这两组线串既可以封闭,也可以不封闭;既可以是单段,也可以由多段组成。第一条截面线串可以是直线、光滑的曲线或者是点。

选择"插入"→"网格曲面"→"直纹"命令,系统弹出"直纹"对话框,如图4.2.11 所示。

图 4.2.11　"直纹"对话框

该对话框中各选项说明如下。

(1) 对齐:该选项表明两条截面线串之间的对应关系,其设置直接影响所生成的曲面的形状。系统提供的对齐方式有:参数、弧长、根据点、距离、角度、脊线、可扩展。其中,最常用的是参数和根据点两种对齐方式。

参数:沿截面线串等参数分布的对应点相连接。

根据点:根据用户所选择的对应点进行连接。

(2) 体类型:直纹可以创建片体,也可以创建实体。当选择的截面线串不封闭时,生成片体;当选择的截面线串封闭时,既可以生成片体,也可以生成实体。

直纹的创建过程如图4.2.12 所示。注意:所选截面线串的箭头方向应同向,否则创建的曲面会发生扭曲。

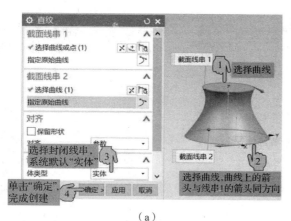

（a）

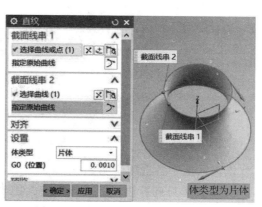

（b）

图 4.2.12　直纹的创建过程

（a）生成实体；（b）生成片体

4.2.6 有界平面

"有界平面"命令可以创建平整的、没有深度参数的二维曲面，由同一平面上的封闭曲线轮廓生成。轮廓曲线既可以是一条曲线，也可以是首尾相连的多条线。

选择"插入"→"曲面"→"有界平面"命令，选择封闭曲线，即可创建有界平面，具体操作过程如图4.2.13所示。

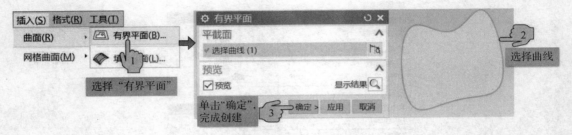

图4.2.13 有界平面的创建过程

4.2.7 修剪片体

"修剪片体"命令是将曲线、面或基准平面作为边界，修剪选定片体的一部分。所选的边界既可以在被修剪的曲面上，也可以在曲面之外用投影方向来确定修剪的边界。

选择"插入"→"曲面"→"修剪"→"修剪片体"命令，系统弹出"修剪片体"对话框，如图4.2.14所示。

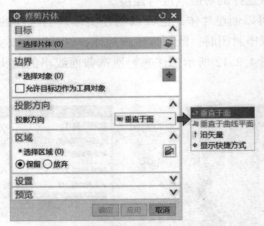

图4.2.14 "修剪片体"对话框

该对话框中各选项说明如下。

（1）投影方向：边界的投影方向，用来确定修剪部分在投影方向上反映在曲面上的大小。系统提供了三种投影方式：垂直于面、垂直于曲线平面、沿矢量。

垂直于面：修剪边界投影方向是选定边界面的垂直投影。

垂直于曲线平面：修剪边界投影方向是选定边界曲面的垂直投影。

沿矢量：修剪边界投影方向是用户指定方向。

（2）区域：定义所选的区域是保留还是舍弃。

保留：选中"保留"单选框，则所选区域保留。

放弃：选中"放弃"单选框，则所选区域舍弃。

修剪片体的一般操作过程如图4.2.15所示。

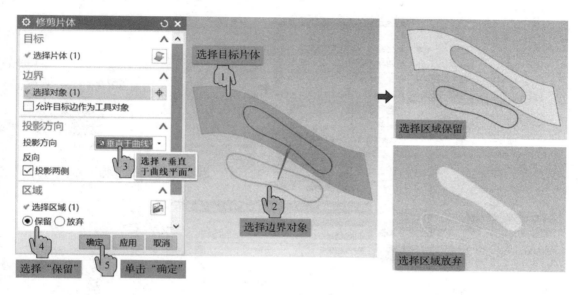

图 4.2.15　修剪片体的一般操作过程

该立体五角星的创建思路为先通过空间曲线命令创建模型的线架，然后使用曲面的创建命令和编辑命令完成曲面的创建，最后生成实体模型，详细步骤如图4.2.16所示。

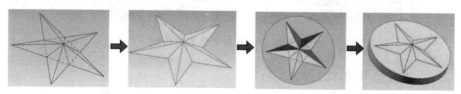

图 4.2.16　立体五角星的创建思路

步骤1：立体五角星线架的创建。

（1）五角星边线绘制：五角星边线绘制过程中用到的命令有多边形、直线、修剪曲线等，操作过程如图4.2.17所示。

（2）五角星立体曲线绘制：首先绘制点，然后用直线将点与五角星各个顶点相连，完成立体曲线的绘制，绘制过程如图4.2.18所示。

任务4.2　立体五角星
创建

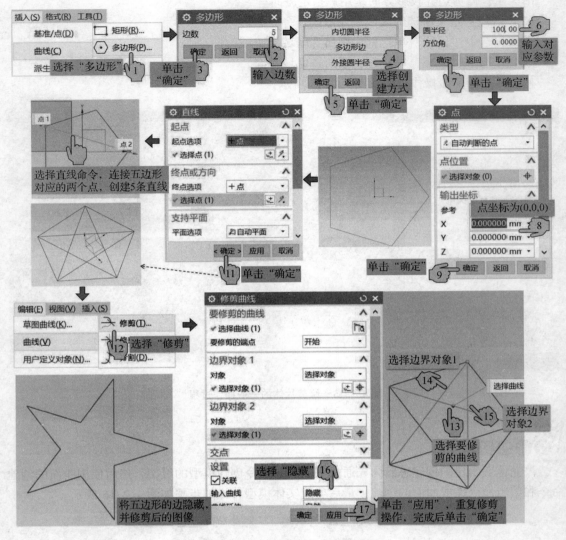

图 4.2.17　五角星边线的绘制

步骤 2：立体五角星片体的创建。

立体五角星片体采用"N 边曲面"命令来创建，然后使用"阵列特征"命令完成其他片体的创建。具体操作过程如图 4.2.19 所示。

步骤 3：底座上表面片体的创建。

底座上表面片体创建时，先绘制圆，然后使用"有界平面"命令，创建圆形片体，再将圆形片体与进行修剪，从而完成创建。具体操作过程如图 4.2.20 所示。

步骤 4：底座其他片体的创建与实体的生成。

通过"直纹"命令创建底座侧面、"有界平面"命令创建底座底面，再使用"缝合"命令将所有曲面进行缝合，则立体五角星实体模型创建完成。具体操作过程如图 4.2.21 所示。

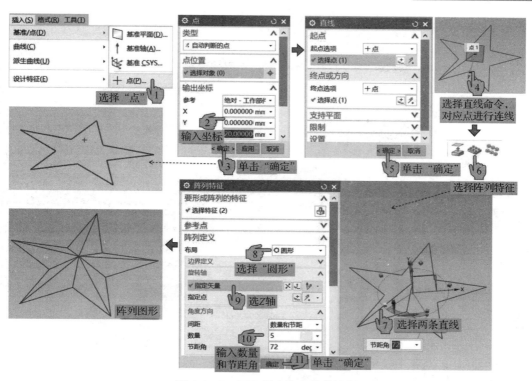

图 4.2.18 五角星立体曲线的绘制

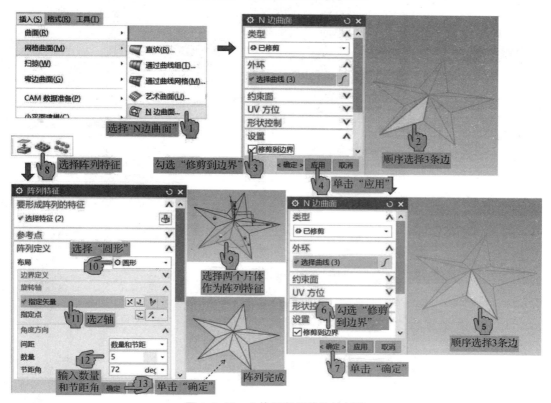

图 4.2.19 立体五角星片体的创建

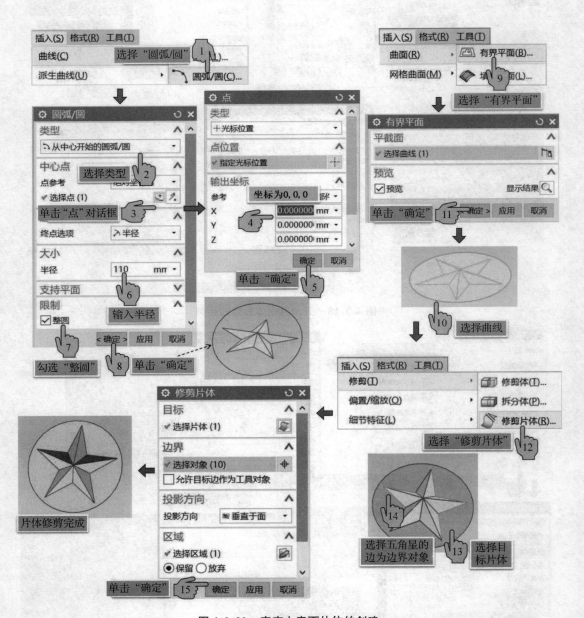

图 4.2.20 底座上表面片体的创建

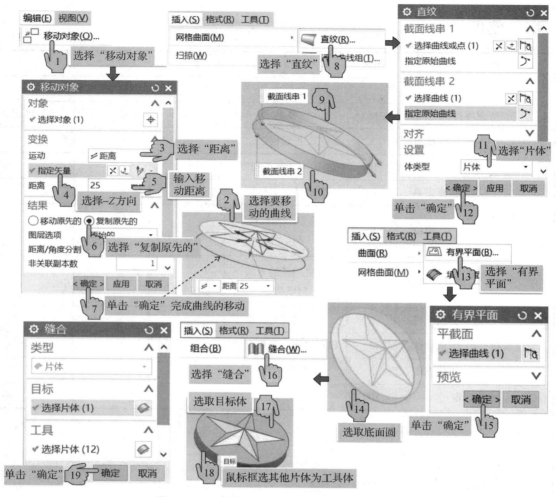

图 4.2.21　底座其他片体的创建与实体的生成

步骤 5：保存文件。

考核评价

学生姓名			组名		班级		
小组成员							
考评项目			分值	要求	学生自评	小组互评	教师评定
知识能力	识图能力		5	正确性			
	菜单命令		10	正确率、熟练程度			
	建模思路		20	合理性、多样性			
	产品建模		40	合理性、正确性、简洁性			
	问题与解决		10	解决问题的方式与成功率			
职业素养	文明上机		5	卫生情况与纪律			
	团队协作		5	相互协作、互帮互助			
	工作态度		5	严谨认真			
成绩评定			100				
心得体会							
巩固提升			完成下图所示伞帽骨架的三维曲线绘制及曲面建模				

任务 4.3　异形面设计

学习任务		异形面设计			
姓名		学号		班级	
任务目标	知识目标	● 熟练掌握常用空间曲线创建、编辑的方法和步骤 ● 掌握创建各种曲面的方法（通过曲线组、网格面、加厚等） ● 掌握曲面的编辑方法			
	能力目标	● 能够使用绘制曲线工具绘制较复杂的三维空间曲线 ● 能够选择适当的方法进行曲面造型设计			
	素质目标	● 培养团队协作能力 ● 培养认真严谨的工匠精神			
任务描述		完成下图所示异形面模型，主要涉及矩形、直线、圆弧、圆角、曲线修剪等空间曲线的绘制，以及通过曲线组、网格面、缝合、加厚等曲面的应用及操作			
学习笔记					

异形面设计过程是首先通过空间曲线构建线架，然后生成曲面，进而生成实体，主要涉及的命令有矩形、直线、圆弧、圆角、曲线连结、曲线修剪、通过曲线组、网格面、缝合、加厚等。

4.3.1 矩形

UG NX 系统中，在空间创建矩形是通过两个对角点的方式创建的。选择"插入"→"曲线"→"矩形"命令，系统弹出如图 4.3.1 所示的"矩形"对话框。在该对话框中，分别输入两个对角点的坐标值或者直接用鼠标左键在绘图区选择相应的点，则可以创建矩形。

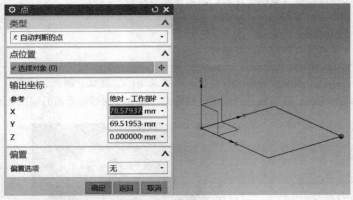

图 4.3.1 "点"对话框

4.3.2 派生曲线——连结

连结是把多段相连的曲线连接成一条曲线的命令。选择"插入"→"派生曲线"→"连结"命令，系统弹出"连结曲线"对话框，如图 4.3.2 所示。

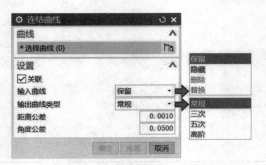

图 4.3.2 "连结曲线"对话框

对话框中的"输入曲线"选项用于控制连结后原曲线的保留方式。该下拉列表中有四个选项：保留、隐藏、删除、替换。

保留：创建完成后，保留原曲线。

隐藏：创建完成后，隐藏原曲线。

删除：创建完成后，删除原曲线。

替换：创建完成后，替换原曲线。

连结曲线的操作过程如图 4.3.3 所示。

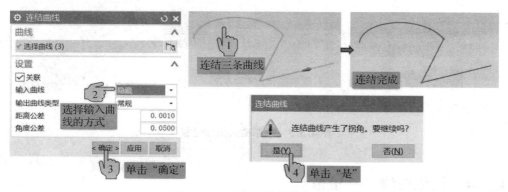

图 4.3.3 连结曲线的操作过程

4.3.3 派生曲线——投影

投影是将曲线、边线或点投影到片体、面、平面或基准平面上。投影曲线在孔或面边线处会进行修剪，投影之后，可以自动合并输出的曲线。

选择"插入"→"派生曲线"→"投影"命令，系统弹出如图 4.3.4 所示的"投影曲线"对话框。

图 4.3.4 "投影曲线"对话框

该对话框中的"方向"下拉列表中有五个选项，分别为沿面的法向、朝向点、朝向直线、沿矢量、与矢量成角度。

沿面的法向：沿所选投影面的法向向所选取的投影面投影曲线。

朝向点：用于从原定义曲线朝着一个点向所选取的投影面投影曲线。

朝向直线：用于从原定义曲线沿着一条直线向所选取的投影面投影曲线。

沿矢量：用于沿选定的矢量方向向所选取的投影面投影曲线。

与矢量成角度：用于沿与设定矢量方向成一角度的方向向所选取的投影面投影曲线。

投影曲线的操作过程如图4.3.5所示。

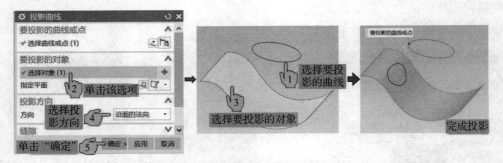

图4.3.5　投影曲线操作过程

4.3.4　派生曲线——镜像

镜像曲线是指通过面或基准平面将所选曲线进行对称复制。选择"插入"→"派生曲线"→"镜像"命令，系统弹出"镜像曲线"对话框，如图4.3.6所示。

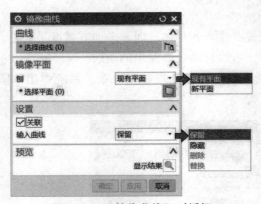

图4.3.6　"镜像曲线"对话框

在"镜像曲线"对话框中，输入曲线的方式有保留、隐藏、删除和替换4种，与"连结曲线"对话框中的意义相同，这里不再赘述。

镜像曲线的操作过程如图4.3.7所示。

4.3.5　通过曲线组

通过曲线组是指通过同一方向上的一组曲线轮廓线生成一个片体或实体。这些曲线轮廓称为截面曲线。用户选择的截面曲线定义体的截面。截面曲线既可以由单个对象组成，也可以由多个对象组成。

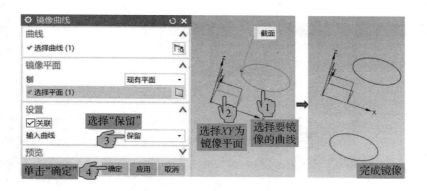

图4.3.7　镜像曲线操作过程

选择"插入"→"网格曲面"→"通过曲线组"命令，系统弹出"通过曲线组"对话框，如图4.3.8所示。

图4.3.8　"通过曲线组"对话框

该对话框中各选项说明如下。

（1）对齐：该选项表明各条截面曲线之间的对应关系。对齐方式有：参数、弧长、根据点、距离、角度、脊线、根据分段。其中，参数和根据点两种对齐方式在前面已经介绍过，这里介绍另外几种方式。

弧长：截面曲线上的连接点的分布和间隔是根据等弧长的方式建立的。

距离：以指定的方向沿曲线以等距离间隔分布点。

角度：绕指定轴线，沿曲线以等角度间隔分布点。

脊线：沿指定脊线以等距离间隔建立连接点，曲面的长度受脊线限制。

（2）体类型：通过曲线组可以创建片体，也可以创建实体。当选择的截面曲线不封闭时，生成片体；当选择的截面曲线封闭时，既可以生成片体，也可以生成实体。

通过曲线组命令的操作过程如图4.3.9所示。

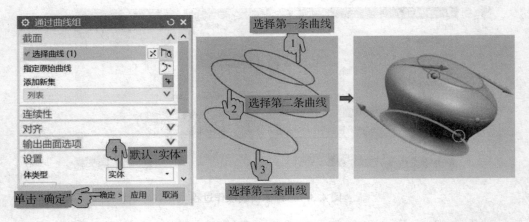

图 4.3.9　通过曲线组操作过程

注意：所选截面线串的箭头方向要相同（可通过双击箭头反向）；单击鼠标左键选择一条曲线之后，需要单击鼠标中间键（或者单击"添加新集"按钮），再选择另一条曲线。

任务 4.3　异形面
建模

 设计思路

　　异形面的创建思路为先通过空间曲线命令创建模型的线架，然后使用曲面的创建和编辑命令完成曲面的创建，最后生成实体模型，设计思路如图 4.3.10 所示。

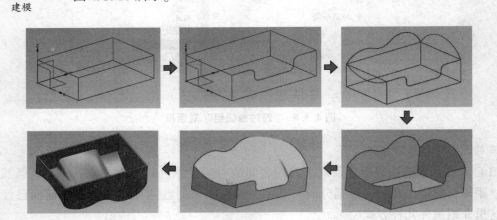

图 4.3.10　异形面的创建思路

 任务实施

步骤 1：创建底面长方体线架。

　　底面长方体线架创建过程中用到的命令有矩形、直线和移动，创建过程如图 4.3.11 所示。

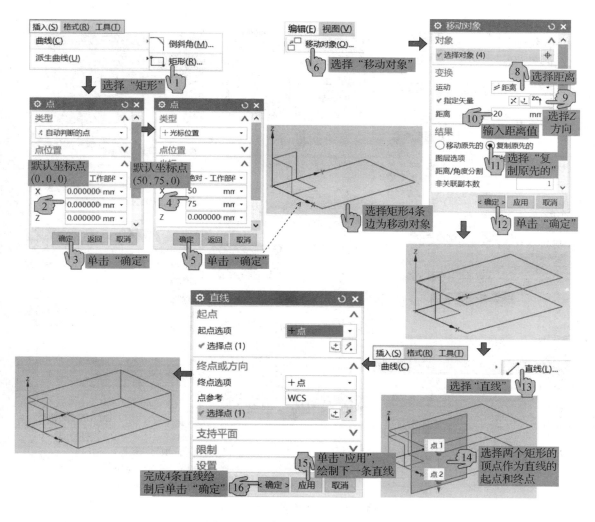

图4.3.11　底面长方体线架的创建

步骤2：创建长方体前面的曲线。

（1）曲线的偏移与修剪：创建长方体前面的曲线时，先将前面曲线进行偏移和修剪，操作过程如图4.3.12所示。

（2）圆角的创建与曲线连结：曲线修剪完成后，进行圆角创建，然后使用"曲线连结"命令将各条线连成一条曲线，操作过程如图4.3.13所示。

步骤3：创建左右面的圆弧曲线。

左右面的圆弧曲线采用"三点画圆弧"的方式来创建，创建过程如图4.3.14所示。

步骤4：创建后面的圆弧曲线。

后面的圆弧曲线也采用"三点画圆弧"的方式来创建，然后添加曲线倒圆角，创建过程如图4.3.15所示。

三维造型设计

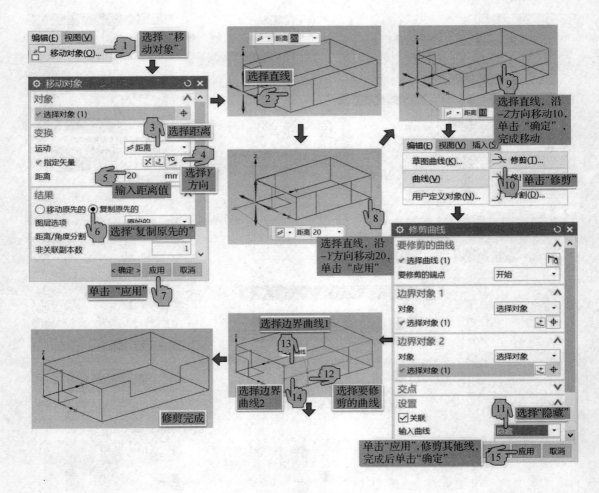

图 4.3.12　曲线的偏移与修剪

步骤 5：创建四周曲面。

四周曲面使用"直纹"命令来创建，创建过程如图 4.3.16 所示。

步骤 6：创建上面的曲面。

上面的曲面创建采用"通过曲线网格"命令来完成，具体创建过程如图 4.3.17 所示。

步骤 7：曲面的缝合与加厚。

曲面创建完成后，对所有的曲面进行缝合，然后使用"加厚"命令完成实体的创建，操作过程如图 4.3.18 所示。

步骤 8：保存文件。

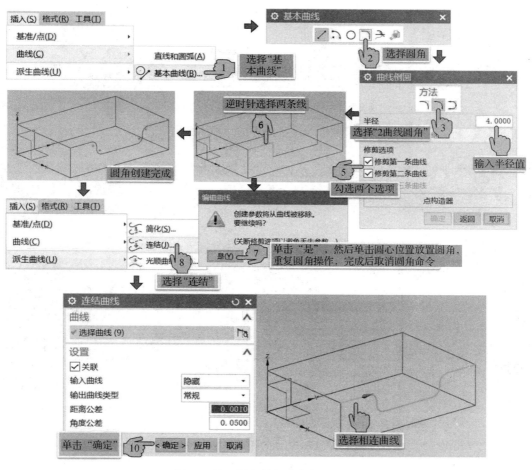

图 4.3.13 圆角的创建与曲线连结

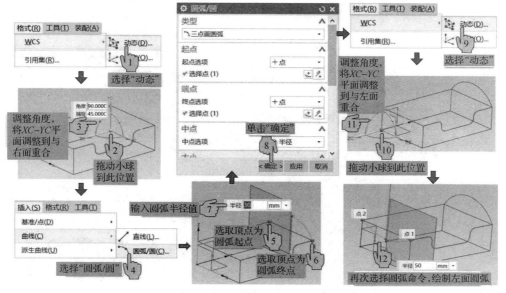

图 4.3.14 左右面的圆弧曲线的创建

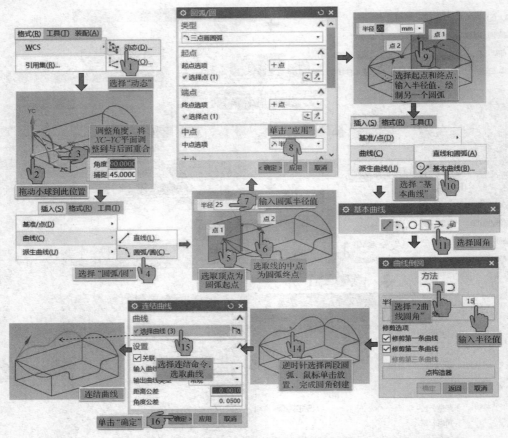

图 4.3.15　后面的圆弧曲线的创建

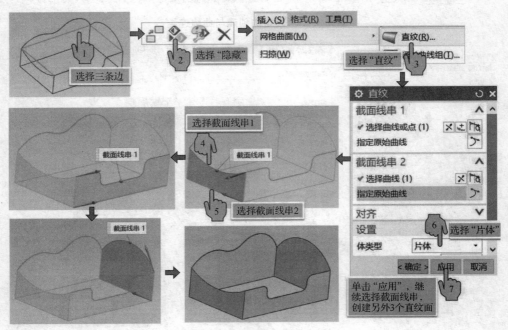

图 4.3.16　四周曲面的创建

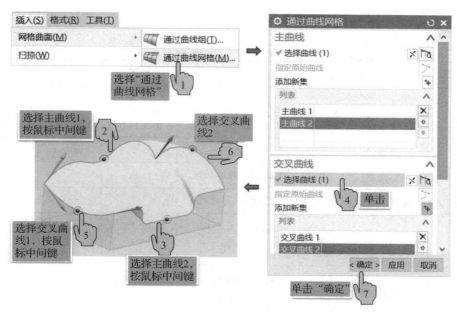

图 4.3.17 上面曲面的创建

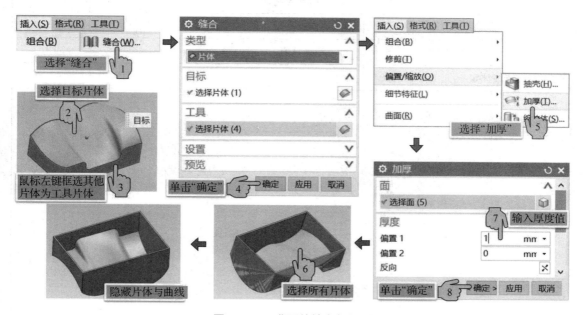

图 4.3.18 曲面的缝合与加厚

学生姓名		组名		班级		
小组成员						
考评项目		分值	要求	学生自评	小组互评	教师评定
知识能力	识图能力	5	正确性			
	菜单命令	10	正确率、熟练程度			
	建模思路	20	合理性、多样性			
	产品建模	40	合理性、正确性、简洁性			
	问题与解决	10	解决问题的方式与成功率			
职业素养	文明上机	5	卫生情况与纪律			
	团队协作	5	相互协作、互帮互助			
	工作态度	5	严谨认真			
成绩评定		100				
心得体会						

项目小结

　　曲面特征的创建方法比实体更加丰富，除了可以使用拉伸、旋转和扫掠等常用特征创建方法来生成曲面，还可以利用有界平面、N 边面、通过曲线组、通过曲线网格、曲线成片体等方式来构建曲面。

　　本项目通过三个典型的曲面设计任务，介绍了曲线与曲面的基础知识、曲线的绘制与编辑、曲面的创建与编辑等曲面实用功能。

　　曲面设计在现代产品设计造型过程中具有非常重要的地位，对于设计人员而言，必须掌握曲面设计的技能和技巧，能够综合运用曲面设计的方法进行创新设计。对于具有比较复杂特征的实体，采用先创建曲面特征，然后生成实体特征的方法，可大大减少设计时间、提高工作效率。

项目 4 习题

项目 5　装配设计

项目导读

　　装配是机械设计中的一项重要内容。将各个零部件按照一定的约束关系或者连接关系依次装配，便构成了一个完整的产品模型。

　　装配设计模块也是 UG NX 软件中的一个非常重要的模块，通过该模块能够快速地将产品的各个零部件组合在一起。由于零部件的组合过程与真实的装配过程基本一致，所以又称为虚拟装配。

　　通过对装配设计的学习，可以达到以下目的：

（1）熟练掌握装配约束的使用方法与编辑方法。

（2）掌握装配的一般过程，能够熟练地进行较复杂产品的装配。

（3）掌握爆炸图的生成方法与编辑操作。

本项目结合典型实例来介绍装配设计，主要内容包括：

◆ 装配约束的使用与编辑。

◆ 装配的一般过程及装配阵列。

◆ 装配体爆炸图的生成与编辑。

任务 5.1　滑动轴承装配设计

学习任务	滑动轴承装配设计			
姓名		学号		班级	

任务目标	知识目标	● 熟练掌握装配约束的使用方法与编辑方法 ● 掌握装配的一般过程
	能力目标	● 能够选用合理的装配约束进行装配 ● 能够熟练地进行产品的装配
	素质目标	● 培养团队协作能力 ● 培养认真严谨的工匠精神

任务描述	完成下图所示滑动轴承的装配

学习笔记	

任务分析

　　滑动轴承装配设计，是把已经创建好的滑动轴承的各个零件进行组装，形成滑动轴承产品模型的过程，其主要涉及装配基础知识、装配约束的使用与编辑、装配的一般过程等知识和命令。

知识链接

5.1.1　装配设计基础知识

1. 新建装配文件与装配界面

　　在 NX 10.0 中，装配设计是在装配模块中进行的，要进行产品的装配，需要先新建装配文件。新建装配文件的过程如图 5.1.1 所示。

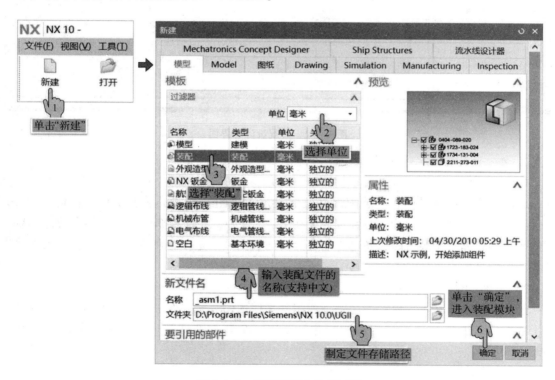

图 5.1.1　新建装配文件的过程

　　新建装配文件之后，进入装配模块。装配设计的界面如图 5.1.2 所示，该界面由标题栏、功能区、上边框条、提示栏/状态栏、导航器和绘图区等部分组成。

　　功能区为"装配"选项卡，该选项卡中有装配设计的工具及各种命令，主要包括："关联控制"面板、"组件"面板、"组件位置"面板、"常规"面板、"爆炸图"面板等。

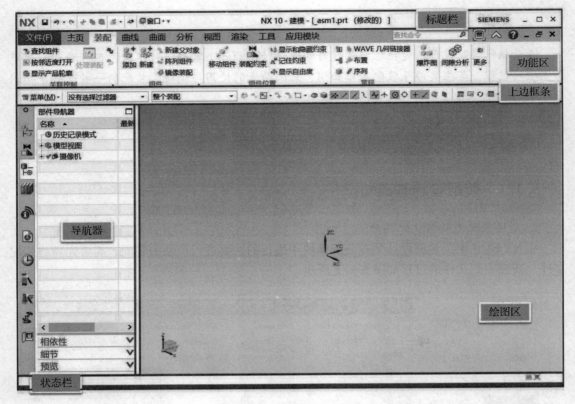

图 5.1.2　装配设计的界面

2. 装配设计常用术语

1）装配体

装配体是把单独零件或子装配部件按照设定关系组合而成的装配部件。任何一个.prt文件都可以看作装配部件或子装配部件。在 UG 软件中，零件和部件不必严格区分。需要注意的是，当存储一个装配时，各部件的实际几何数据并不是存储在装配部件文件中，而是存储在相应的部件（即零件文件）中。

2）子装配体

子装配体是指在上一级装配中被当作组件来使用的装配部件。一个装配体可以包含若干个子装配体。子装配是一个相对的概念，任何一个装配部件都可在更高级装配中用作子装配。

3）组件对象

组件对象是一个从装配部件链接到部件主模型的指针实体。一个组件对象所含的信息包括部件名称、层、颜色、线型、线宽、引用集和配对条件等。

4）组件

组件是装配中由组件对象所指的部件文件。组件既可以是单个部件（即零件），也可以是一个子装配。组件由装配部件引用（而不是复制）到装配部件中。

5）单个零件

单个零件是指在装配外存在的零件几何模型，它可以被添加到某个装配中，但它本身不能含有下级组件。

3. 装配设计的方法

根据添加组件的方式不同，装配设计有两种方式：自底向上（自下而上）装配和自顶向下（自上而下）装配。

自底向上装配：已创建好零件模型，根据虚拟产品的装配关系进行装配，最终完成虚拟产品的设计。这种设计方法比较简单，设计思路比较清楚，设计原理也容易接受。这种方法主要应用于一些比较成熟产品的设计过程，可以获得比较高的设计效率。自底向上装配是一种常用的装配模式，本项目主要介绍自底向上装配方法。

自顶向下装配与自底向上装配的设计方法正好相反。设计时，首先从整体上勾画产品的整体结构关系或创建装配体的二维部件布局关系图，然后根据这些关系或布局逐一设计产品的零件模型。

在真正的概念设计中，往往都是先设计整个产品的外在概念和功能概念，然后逐步对产品进行设计，细化后得到单个零件。

在实际装配过程中，通常混合使用以上两种设计方法，以发挥各自的优点。

注意：装配过程中，部件的几何体是被装配引用，而不是复制到装配中。整个装配体和各个部件之间保持关联性，如果某个部件修改了，则引用的装配体将自动更新。

5.1.2 添加组件

"添加组件"命令可以把已经创建完成的零件实体模型添加到装配文件中，并对零件的定位、复制、引用集、图层等选项进行设置。

选择"装配"→"组件"→"添加组件"命令，或单击"装配"选项卡中"组件"面板的"添加组件"按钮，系统弹出"添加组件"对话框，如图5.1.3所示。

装配模板的修改与
添加组件

图 5.1.3 "添加组件"对话框

"添加组件"对话框中有5个选项组，分别是"部件"选项组、"放置"选项组、"复制"选项组、"设置"选项组和"预览"选项组。

1）"部件"选项组

"部件"选项组用来选择部件，既可以从"已加载的部件"列表中直接选择之前已经装配加载过的部件，也可以从"最近访问的部件"列表中选择部件，还可以在"部件"选项组中单击"打开"按钮来打开部件。具体的操作方法如图 5.1.4 所示。

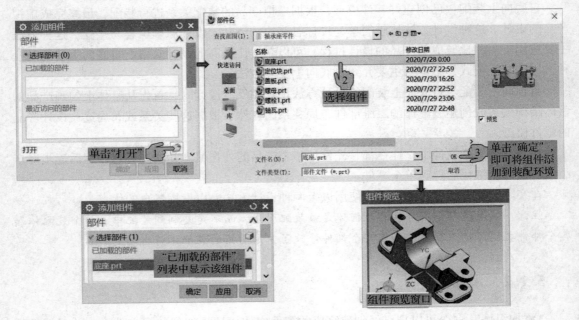

图 5.1.4　添加组件操作过程

如果要一次性添加多个同一组件，则单击"打开"下的"重复"选项，输入数量即可，如图 5.1.5 所示。

2）"放置"选项组

"放置"选项组用来确定组件的定位方式，可以从"定位"下拉列表中选择要添加的组件定位方式，如图 5.1.6 所示。

图 5.1.5　"重复"选项　　　　图 5.1.6　"放置"选项组

对于添加的组件，可以通过绝对原点、选择原点、通过约束和移动 4 种方式来进行初始定位。

绝对原点：对零件定位时，将新添加的组件的绝对坐标系与装配文件的绝对坐标系重合。

选择原点：对零件定位时，需要在绘图区中单击一个位置点，这个点与添加组件的坐标原点重合。

通过约束：选择该方式后，系统在调入组件后直接打开"装配约束"对话框，使用装配约束对组件进行定位。

移动：选择该方式后，系统在调入组件后直接打开"移动组件"对话框，利用鼠标拖拽对组件进行定位。

3）"复制"选项组

根据设计需要，可以在"复制"选项组中，从"多重添加"下拉列表中选择"添加后重复"或"添加后创建阵列"选项，如图 5.1.7 所示。

图 5.1.7　"复制"选项组

4）"设置"选项组

"设置"选项组有 3 个选项——名称、引用集和图层选项，如图 5.1.8 所示。

图 5.1.8　"设置"选项组

名称：在"名称"文本框中可以指定组件名称。

引用集：从"引用集"下拉列表中可以选择一个引用集选项。引用集是指要装入装配体中的部分几何对象，可以包括零部件的名称、原点、方向、几何对象、基准、坐标系等信息。每个组件模型中都包含大量几何元素，如实体、曲线、曲面、基准等，引用集的作用就是用于控制装配时各组件装入计算机内存的数据量，防止图形混淆和加载大量的参数，从而提高运行速度。引用集默认的选项是"模型"，在添加组件时只会将实体类特征装入内存，避免将曲面、曲线、基准等元素载入；如果选择"整个部件"，则会将组件的全部数据调入内存；如果选择"空"，则该部件只会出现在装配导航器中，不会在绘图区中显示。

图层选项：从"图层选项"下拉列表中可以指定组件放置的图层。"原始的"图层是指添加组件所在的图层；"工作的"图层是指装配的操作层；"按指定的"图层是指用户指定的图层。

5.1.3　装配约束

UG NX 的装配设计是通过在零部件添加各种约束关系，使用"装配约束"功能来确定部件在装配体中的准确位置。装配约束可以用来限制组件的自由度，根据限制的自由度的多少，可以将装配组件分为完全约束和欠约束两种装配状态。

UG NX 10.0 中装配约束的类型包括固定、接触对齐、同轴、距离和中心等。每个组件都有唯一的装配约束，这个装配约束由一个（或多个）约束组成。每个约束都会限制组件在装配体中的一个（或几个）自由度，从而确定组件的位置。用户既可以在添加组件的过程中添加装配约束，也可以在添加完成后添加约束。

选择"装配"→"组件位置"→"装配约束"命令，或单击"装配"选项卡中"组件位置"面板的"装配约束"按钮，系统弹出"装配约束"对话框，如图5.1.9所示。

装配约束1

图5.1.9 "装配约束"对话框

1. 接触对齐

"接触对齐"约束可以使两个组件彼此接触或对齐，是最常用的约束类型之一。在"装配约束"对话框的"类型"下拉列表中选择"接触对齐"约束，在"要约束的几何体"选项组的"方位"下拉列表中，系统提供了4种方位选项，如图5.1.10所示。

各选项说明如下：

首选接触：此为默认选项，用于当接触约束和对齐约束都有可能时显示接触约束。选择对象时，系统提供的首选方式为接触约束。

接触：使约束对象的曲面法向方向相反。选择该方式时，指定的两个相配合对象贴合在一起。如果配合的两个对象为平面，则两平面贴合且默认法向相反，此时用户可以设置反向，如图5.1.11所示；如果要配合的两个对象为圆柱面或球面，则两个平面以相切形式接触，此时用户也可以设置反向，确定是外相切还是内相切，如图5.1.12所示。

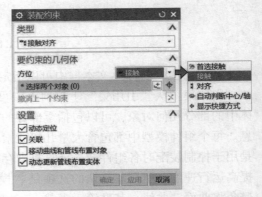

图5.1.10 "接触对齐"中的"方位"选项

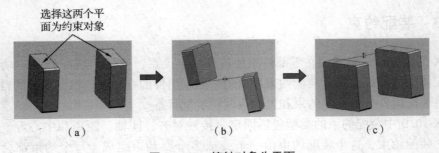

选择这两个平面为约束对象

（a）　　　　　　（b）　　　　　　（c）

图5.1.11 接触对象为平面

（a）约束前；（b）约束后；（c）更改约束方向后

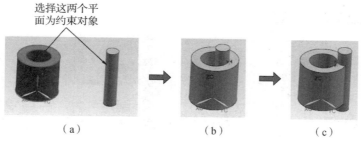

图 5.1.12　接触对象为圆柱面

（a）约束前；（b）约束后；（c）更改约束方向后

对齐：使约束对象的曲面法向方向相同。选择该方式时，指定的两个相配合对象将对齐。如果配合的两个对象为平面，则两个平面共面且默认法向相同，此时用户可以设置反向；如果要配合的两个对象为圆柱面或球面，则两个平面以相切形式接触，同样可以设置反向，还可以对齐中心线。

自动判断中心/轴：选择该方式时，系统能够根据所选参照曲面自动判断中心/轴，实现中心/轴的接触对齐，如图 5.1.13 所示。

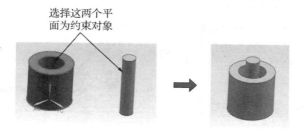

图 5.1.13　自动判断中心/轴的接触对齐

2. 同心

"同心"约束可以使选定的两个组件的圆形边或椭圆形边的中心重合，并使所选边所在的平面共面。"同心"约束的操作过程如图 5.1.14 所示。

图 5.1.14　"同心"约束的操作过程

3. 距离

"距离"约束通过设定两个对象之间的距离来确定组件的相互位置。输入的距离值既可以是正值，也可以是负值。"距离"约束的操作过程如图 5.1.15 所示。

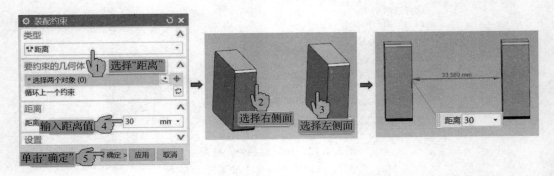

图 5.1.15　"距离"约束的操作过程

4. 固定

"固定"约束是将所选组件固定在装配体中的当前位置。"固定"约束的操作过程如图 5.1.16 所示，固定的几何体会显示固定符号。当装配体中有静止对象时，"固定"约束会很有用，否则没有固定的节点，整个装配可以自由移动。

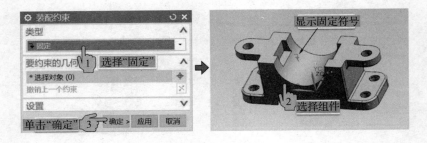

图 5.1.16　"固定"约束的操作过程

5. 平行

"平行"约束是将选定的两个对象的方向矢量定义为平行，选定对象既可以是平面也可以是直线、轴或中心线。"平行"约束的操作过程如图 5.1.17 所示。

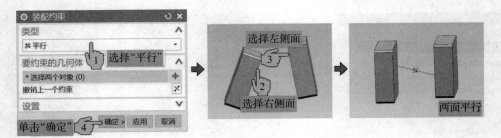

图 5.1.17　"平行"约束的操作过程

6. 垂直

"垂直"约束是将选定的两个对象的方向矢量定义为垂直，该约束类型与"平行"约束类似，选定对象既可以是平面也可以是直线、轴或中心线。"垂直"约束的操作过程如图 5.1.18 所示。

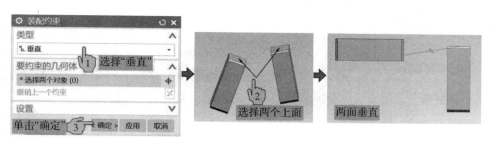

图 5.1.18 "垂直"约束的操作过程

7. 对齐/锁定

"对齐/锁定"约束是将选定的两个对象快速对齐/锁定。例如，使用该约束可以使选定的两个圆柱面的中心线对齐，或者使选定的两个圆形边共面且中心对齐。"对齐/锁定"约束的操作过程如图 5.1.19 所示。

装配约束 2

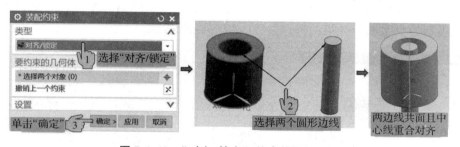

图 5.1.19 "对齐/锁定"约束的操作过程

注意：所选对象要一致，即圆柱面对圆柱面、圆形边线对圆形边线，直边线对直边线等。

8. 等尺寸配对

"等尺寸配对"约束可以使所选的对象实现等尺寸配对，例如将半径相等的两个圆柱面结合在一起。对于两个约束对象，如果以后尺寸变为不相等，则该"等尺寸配对"约束将变为无效状态。"等尺寸配对"约束的操作过程如图 5.1.20 所示。

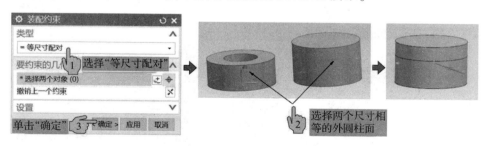

图 5.1.20 "等尺寸配对"约束的操作过程

9. 胶合

"胶合"约束相当于将组件"焊接"在一起，使其作为刚体移动。"胶合"约束只能用于组件，或组件和装配级的几何体，其他对象不能使用。"胶合"约束的操作过程如图 5.1.21 所示。

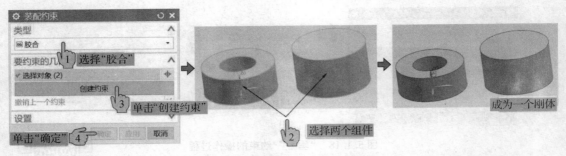

图 5.1.21　"胶合"约束的操作过程

10. 中心

"中心"约束可以使所选对象中的一个或两个对象相对于另外一个或两个对象居中。根据所选对象不同，该约束类型包括三种子类型——"1 对 2""2 对 1"和"2 对 2"。

（1）1 对 2：以一个所选对象参考，另外两个所选对象以第一个所选对象为中心放置。"1 对 2"类型的"中心"约束的操作过程如图 5.1.22 所示。

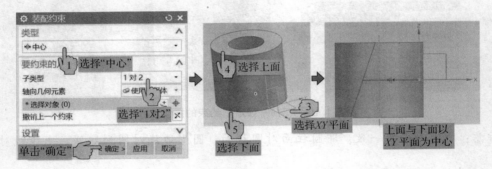

图 5.1.22　"1 对 2"类型的"中心"约束的操作过程

（2）2 对 1：使两个所选对象以另外一个所选对象为参考中心来放置，与"1 对 2"类型的区别是选择对象的先后顺序不同。"2 对 1"类型的"中心"约束的操作过程如图 5.1.23 所示。

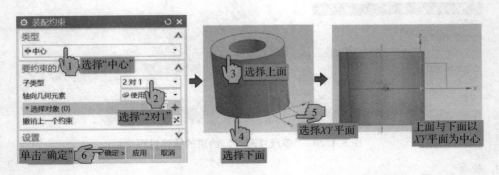

图 5.1.23　"2 对 1"类型的"中心"约束的操作过程

（3）2 对 2：使两个所选对象的中心以另两个所选对象的中心一致。"2 对 2"类型的"中心"约束的操作过程如图 5.1.24 所示。

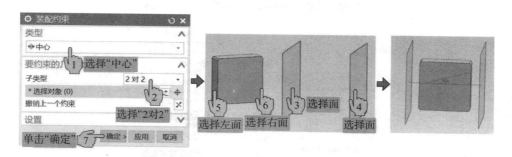

图 5.1.24　"2 对 2"类型的"中心"约束的操作过程

11. 角度

"角度"约束是将所选对象进行角度尺寸的约束，该约束可以在两个具有方向矢量的对象之间产生，角度是两个方向矢量的夹角，默认以逆时针方向为正。"角度"约束包括两种子类型——3D 角和方向角度。

"3D 角"类型用于在未定义旋转轴的情况下设置两个对象之间的"角度"约束，需要选择两个对象，并设置两个对象之间的角度尺寸。"3D 角"类型的"角度"约束比较常用。"3D 角"类型的"角度"约束的操作过程如图 5.1.25 所示。

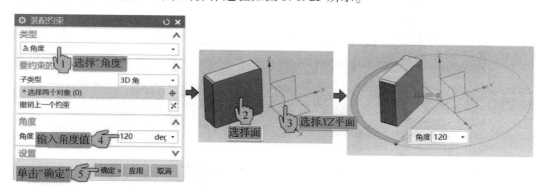

图 5.1.25　"3D 角"类型的"角度"约束的操作过程

方向角度是使用选定的旋转轴来约束两个对象之间的角度，需要选择 3 个对象，其中一个对象可以是轴或者边。

5.1.4　移动组件

移动组件是指在装配过程中，组件所处的位置不能满足设计者的装配需要，用手动编辑的方式将该组件移动到指定位置。在组件上右键单击，在弹出的快捷菜单中选择"移动"选项，或单击工具条"移动组件"按钮 ，系统弹出"移动组件"对话框，如图 5.1.26 所示。

在"移动组件"对话框中，"变换"选项下的"运动"下拉列表中有距离、角度、点到点等类型。下面介绍几种常用的移动方式。

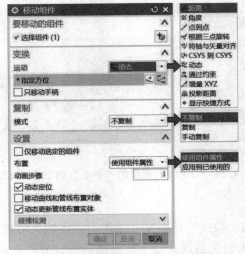

移动组件

图 5.1.26　"移动组件"对话框

1）距离

"距离"方式是通过定义矢量方向和距离参数达到移动组件的效果，选择该移动方式后选取待移动的对象，并选取矢量参照和输入移动距离，获得移动效果。"距离"方式移动组件的操作过程如图 5.1.27 所示。

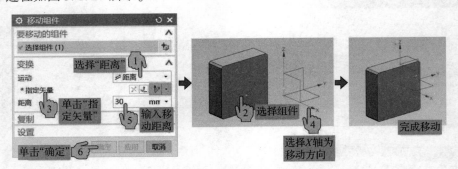

图 5.1.27　"距离"方式移动组件的操作过程

2）角度

"角度"方式用于绕选定轴线旋转所选组件。选择角度方式，选取矢量方向（旋转轴），使该组件沿该旋转轴执行旋转操作。"角度"方式移动组件的操作过程如图 5.1.28 所示。

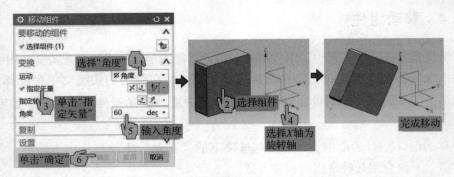

图 5.1.28　"角度"方式移动组件的操作过程

3）动态

"动态"方式是使用动态坐标系移动组件，选择该移动方式后，选取待移动的对象，然后单击"指定方位"将坐标系激活，可通过移动或旋转坐标系来动态移动组件。"动态"方式移动组件的操作过程如图 5.1.29 所示。

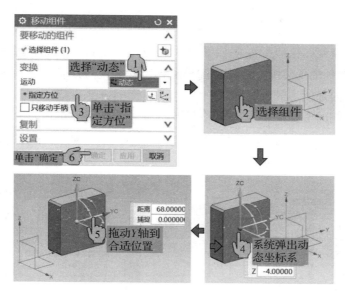

图 5.1.29　"动态"方式移动组件的操作过程

4）其他移动方式

点到点：该方式用于将所选的组件从一个点移动到另一个点。选取组件，在"运动"选项的下拉菜单中选择"点到点"，然后指定起点和终点，则可将组件移动从起点移动到终点。

根据三点旋转：该方式用于在选择的两点之间旋转所选的组件。选取组件，在"运动"选项的下拉菜单中选择"根据三点旋转"，指定矢量，然后选择起点和终点，即可将组件围绕矢量方向，从起点位置移动到终点位置。

将轴与矢量对齐：该方式用于在选择的两轴间旋转所选的组件。选取组件，在"运动"选项的下拉菜单中选择"将轴与矢量对齐"，通过指定起始矢量、终止矢量和枢轴点，从而移动组件。

CSYS 到 CSYS：该方式用于移动坐标方式重新定位所选组件。选取组件，在"运动"选项的下拉菜单中选择"CSYS 到 CSYS"，打开"CSYS"对话框，通过该对话框指定参考坐标系和目标坐标系。

通过约束：该方式是指通过约束来移动组件，"移动组件"对话框将增加"约束"选项区域，可按照创建约束的方法移动组件。

增量 XYZ：该方式用于平移所选组件。选取组件，在"运动"选项的下拉菜单中选择"增量 XYZ"，在打开的"变换"对话框中设置 X、Y、Z 轴方向移动距离。如果输入值为正数，则沿坐标轴正向移动，反之沿坐标轴反向移动。

5.1.5　装配导航器与约束导航器

在创建装配模型时，装配导航器是要经常用到的。通过装配导航器可以直观地查看装配体中相关的装配组件构成与装配约束等信息。通过装配导航器中的装配树，用户可以对已经添加的装配约束进行重新定义、反向、抑制、隐藏和删除等操作。

装配导航器位于绘图窗口的左侧资源条中，单击"装配导航器"图标，即可打开。图 5.1.30 所示为滑动轴承装配文件的装配导航器，在装配导航器的装配树中，以树节的形式显示了装配部件内部使用的装配约束。

在绘图窗口左侧的资源条中单击"约束导航器"图标，可以打开约束导航器来查看约束信息，如图 5.1.31 所示，在约束导航器中也可以使用右键快捷菜单对所选约束进行相关操作。

图 5.1.30　装配导航器

图 5.1.31　约束导航器

首先新建装配文件，进入装配模块，使用添加组件命令调入组件，然后使用装配约束命令完成组件位置的放置，详细步骤如图 5.1.32 所示。

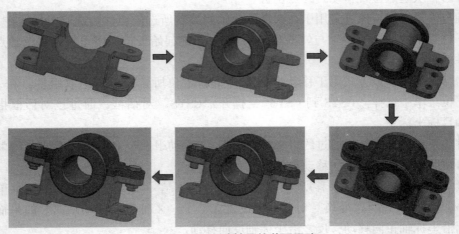

图 5.1.32　滑动轴承的装配思路

任务实施

步骤 1：轴承座的装配。

轴承座是添加到装配体中的第一个组件，放置时采用绝对原点的定位方式，装配约束使用的是固定约束，轴承座的装配过程如图 5.1.33 所示。

轴承座装配

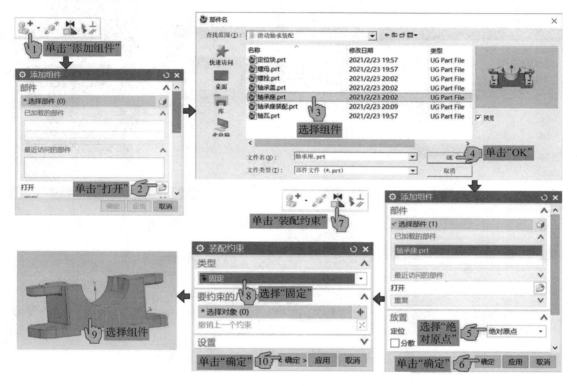

图 5.1.33　轴承座的装配过程

步骤 2：轴瓦的装配。

装配体中有上轴瓦和下轴瓦两个轴瓦组件，可以一次添加到装配体中，然后分别设置上轴瓦和下轴瓦的装配约束，完成轴瓦的装配。轴瓦的装配过程如图 5.1.34 所示。

步骤 3：定位块的装配。

装配体中的定位块组件也有两个，装配约束采用接触对齐即可，具体的装配过程如图 5.1.35 所示。

步骤 4：轴承盖的装配。

在装配过程中，采用两个"对齐/锁定"约束和一个"接触对齐"约束来完成轴承盖的装配，装配过程如图 5.1.36 所示。

步骤 5：螺栓的装配。

装配螺栓时，可以不限制其旋转自由度，用"对齐/锁定"约束确定其中心线的位置，再用"接触对齐"约束限制其一个方向的移动即可。螺栓的装配过程如图 5.1.37 所示。

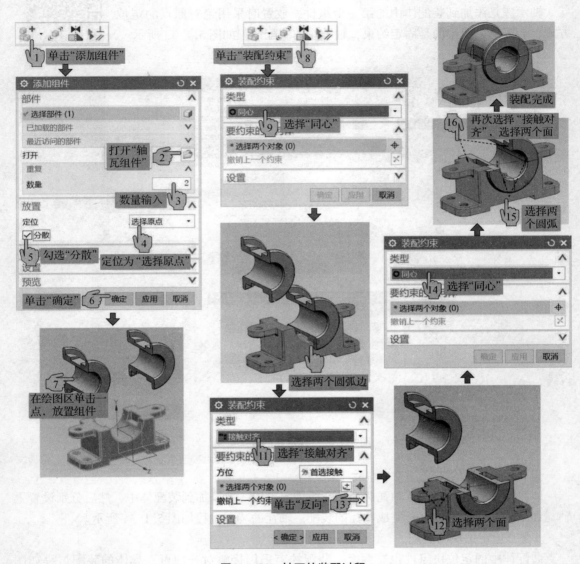

图 5.1.34 轴瓦的装配过程

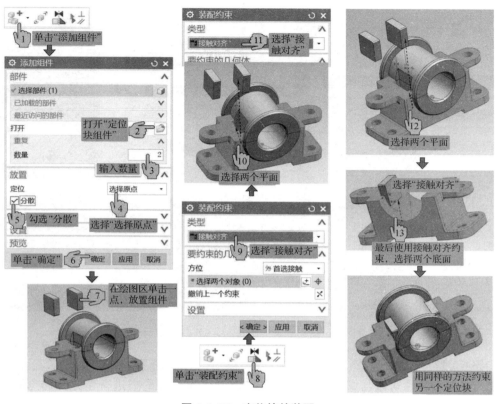

图 5.1.35　定位块的装配

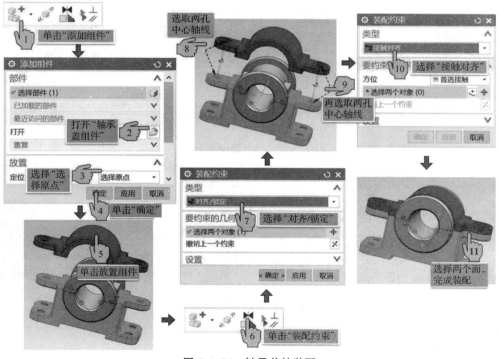

图 5.1.36　轴承盖的装配

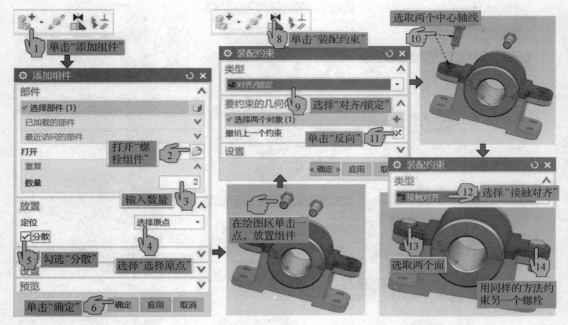

图 5.1.37　螺栓的装配过程

步骤 6：螺母的装配。

螺母的装配方法可以与螺栓相同，也可以采用"同心"约束进行装配。螺母的装配过程如图 5.1.38 所示。

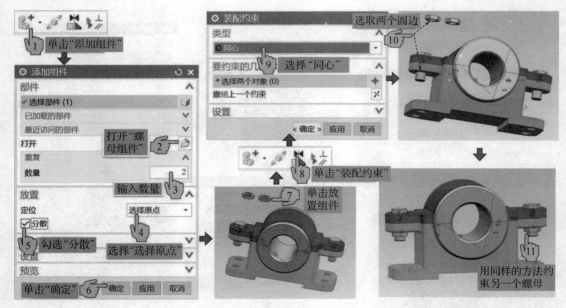

图 5.1.38　螺母的装配过程

步骤 7：保存文件。

考核评价

学生姓名		组名		班级		
小组成员						
考评项目		分值	要求	学生自评	小组互评	教师评定
知识能力	识图能力	5	正确性			
	菜单命令	10	正确率、熟练程度			
	建模思路	20	合理性、多样性			
	产品建模	40	合理性、正确性、简洁性			
	问题与解决	10	解决问题的方式与成功率			
职业素养	文明上机	5	卫生情况与纪律			
	团队协作	5	相互协作、互帮互助			
	工作态度	5	严谨认真			
成绩评定		100				
心得体会						
巩固提升		完成下图所示虎钳的装配				

任务 5.2　滑动轴承装配爆炸图

学习任务		滑动轴承装配爆炸图			
姓名		学号		班级	
任务目标	知识目标	● 熟练掌握装配爆炸图的创建方法与编辑方法 ● 掌握装配的一般过程			
	能力目标	● 能够创建装配爆炸图 ● 能够熟练地进行产品的装配			
	素质目标	● 培养团队协作能力 ● 培养认真严谨的工匠精神			
任务描述		完成下图所示滑动轴承的装配爆炸图			
学习笔记					

利用装配模块中的"爆炸图"命令，将已经装配完成的各个组件拆分开。首先，单击"爆炸图"命令，新建一个爆炸图；然后，编辑爆炸图，移动各部件到合适位置；最终，完成滑动轴承装配体爆炸图的创建。

爆炸图是指在同一幅图里，把装配体的各个组件拆分开，使各组件之间具有一定的距离，以便观察装配体中的每个组件，清楚地反映装配体的结构组成。UG 软件具有强大的爆炸图功能，用户可以方便地建立、编辑和删除一个或多个爆炸图。

5.2.1 爆炸图概述

1. 爆炸图的特征
(1) 可以对爆炸图中的组件进行所有的特征操作，如编辑特征参数等。
(2) 爆炸图中组件的任何操作，均影响到非爆炸图中的组件。
(3) 爆炸图与其他用户定义的视图一样，可以被添加到任何需要的视图布置中。
2. 爆炸图的限制
(1) 不能爆炸装配部件中的实体，只能爆炸装配部件中的组件。
(2) 不能从当前模型中输入或输出爆炸图。

5.2.2 爆炸图工具条

选择"装配"下拉菜单→"爆炸图"→"新建爆炸图"命令，或者单击"装配"工具条中的爆炸图按钮 ，系统弹出"爆炸图"工具条，如图 5.2.1 所示。利用"爆炸图"工具条，用户可以方便地创建、编辑、删除爆炸图，可以在爆炸图和无爆炸图之间切换，还可以创建追踪线。

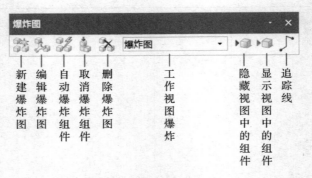

图 5.2.1 "爆炸图"工具条

5.2.3　新建爆炸图

1. 新建一个爆炸图

如果当前显示的不是一个爆炸图，则单击"爆炸图"工具条中的"新建爆炸图"按钮 ![]后，系统弹出"创建爆炸图"对话框，用户可以输入爆炸图的名称，然后单击"确定"按钮，系统将创建一个爆炸图，操作过程如图5.2.2所示。

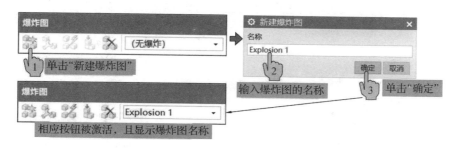

图 5.2.2　新建爆炸图

新建爆炸图后，视图切换到新创建的爆炸图，"爆炸图"工具条中的"编辑爆炸图"按钮、"自动爆炸组件"按钮和"取消爆炸组件"按钮被激活，同时"工作视图爆炸"显示新创建的爆炸图的名称。

2. 复制当前爆炸图

如果当前显示的是一个爆炸图，则单击"爆炸图"工具条中的"新建爆炸图"按钮 ![] 后，系统弹出一个对话框，询问是否将当前爆炸图复制到新的爆炸图里，操作过程如图5.2.3所示。

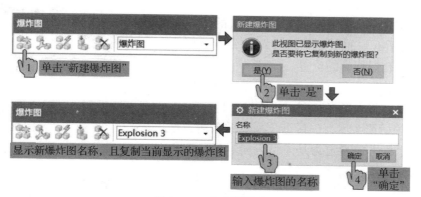

图 5.2.3　复制爆炸图

5.2.4　编辑爆炸图

爆炸图创建完成后，产生了一个待编辑的爆炸图，图形区中的图形并没有发生变化，这时，"编辑爆炸图"命令被激活，可以对爆炸图进行编辑。

单击"爆炸图"工具条中的"编辑爆炸图"按钮 ，即可对爆炸图中组件的位置进行编辑。单击此按钮后，系统弹出"编辑爆炸图"对话框，用户指定要编辑的组件，然后移动该组件到合适位置即可。移动组件的方式既可以采用自由移动，也可以设定移动方式和距离。编辑爆炸图的操作过程如图5.2.4所示。

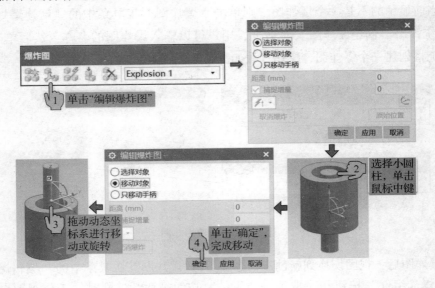

图 5.2.4　编辑爆炸图

编辑爆炸图时，选择对象后，按下鼠标中键，系统显示动态坐标系，对动态坐标系的操作说明如下：

（1）单击手柄箭头或圆点，则"捕捉增量"复选框被激活，该选项用于设置手工拖动的最小距离，可以在文本框中输入数值，例如输入"10"，则拖动时会跳跃式移动，每次跳跃的距离是10 mm，单击对话框中的"取消爆炸"按钮，选中的组件会移动到没有爆炸时的位置。

（2）单击手柄箭头移动鼠标，可以沿着某个轴移动组件；单击原点移动鼠标，则可以旋转组件。

（3）单击手柄箭头后，矢量下拉列表被激活，可以直接将选中手柄方向指定为某矢量方向。矢量下拉列表如图5.2.5所示。

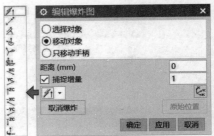

图 5.2.5　矢量下拉列表

5.2.5　自动爆炸组件

利用"自动爆炸组件"命令，可以方便、快速地生成爆炸图，用户只需要输入很少的内容。自动爆炸组件的操作过程如图5.2.6所示。

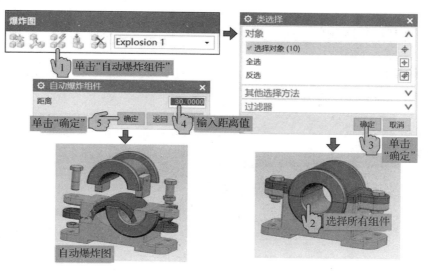

图 5.2.6　自动爆炸组件

　　自动爆炸组件既可以将整个装配体选中，直接获得整个装配体的爆炸图，也可以同时选取多个组件对象，获得部分组件的装配爆炸图。

　　自动爆炸组件往往不能达到满意的效果，因此多数都采用手动编辑爆炸图的功能来生成爆炸图。

5.2.6　取消爆炸组件

　　"取消爆炸组件"命令可以将组件恢复到未爆炸时的位置，其功能与"自动爆炸组件"刚好相反。单击"取消爆炸组件"按钮，系统弹出"类选择"对话框，选取要取消爆炸的组件，然后单击"确定"按钮，选中的组件自动回到爆炸前的位置。取消爆炸组件的操作过程如图 5.2.7 所示。

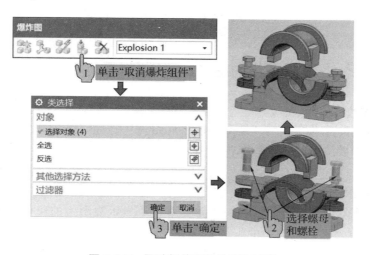

图 5.2.7　取消爆炸组件的操作过程

5.2.7 删除爆炸图

单击"爆炸图"工具条中的"删除爆炸图"按钮，即可删除系统中已经存在的爆炸图。删除爆炸图的操作过程如图 5.2.8 所示。

图 5.2.8　删除爆炸图

注意：如果当前视图是所选的要删除的爆炸图，则无法操作完成删除爆炸图操作；如果当前视图不是所选视图，则选中的爆炸图可以被删除。

5.2.8 工作视图爆炸

"工作视图爆炸"命令用来定义要显示在工作视图中的爆炸图，在其下拉列表中列出了所有已经创建的爆炸图以及无爆炸图，用户可根据需要进行选择和切换。"工作视图爆炸"下拉列表如图 5.2.9 所示。

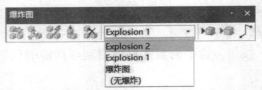

图 5.2.9　"工作视图爆炸"下拉列表

5.2.9 隐藏/显示视图中的组件

1. 隐藏视图中的组件

单击"爆炸图"工具条中的"隐藏视图中的组件"按钮，系统弹出"隐藏视图中的组件"对话框，选择要隐藏的组件后单击"确定"按钮，则选中的组件被隐藏，其操作过程如图 5.2.10 所示。

2. 显示视图中的组件

要把已经隐藏的组件重新显示出来，需要用到"显示视图中的组件"命令。单击"爆炸图"工具条中的"显示视图中的组件"按钮，系统弹出"显示视图中的组件"对话框，对话框中列出所有被隐藏的组件，用户选择要显示的组件后单击"确定"按钮，则选中的组件就会显示，其操作过程如图 5.2.11 所示。

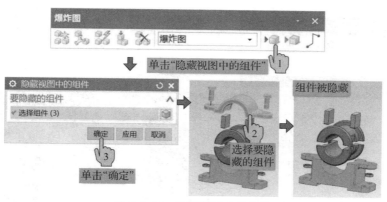

图 5. 2. 10　隐藏视图中的组件

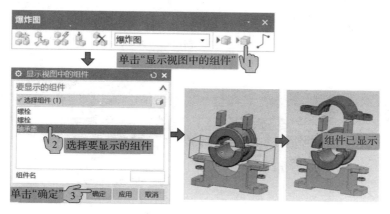

图 5. 2. 11　显示视图中的组件

5. 2. 10　追踪线

在爆炸图创建完成后，可以使用追踪线来表示各组件间的装配关系。"追踪线"命令用于创建跟踪线，可以使组件沿着设定的引导线爆炸。

单击"爆炸图"工具条中的"追踪线"按钮，系统弹出"追踪线"对话框，在绘图区依次选择追踪线的起点和终点即可创建追踪线。创建追踪线的操作过程如图 5. 2. 12 所示。

使用"爆炸图"命令条中的"新建爆炸图"和"编辑爆炸图"命令完成滑动轴承装配爆炸图，创建思路如图 5. 2. 13 所示。

步骤 1：新建爆炸图与轴承盖的拆分。

新建爆炸图后，首先拆分轴承盖组件，具体操作方法如图 5. 2. 14 所示。

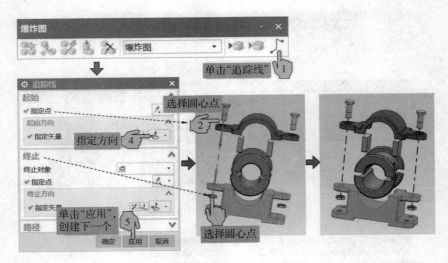

图 5.2.12 创建追踪线

创建爆炸图

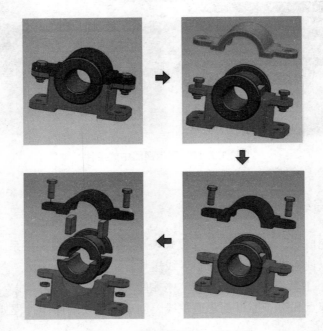

图 5.2.13 轴承座爆炸图创建思路

步骤 2：螺栓与其他组件的拆分。

轴承盖组件拆分完成后，单击"编辑爆炸图"对话框中的"应用"按钮，然后单击"选择对象"选项，此时，轴承盖组件仍然处于选中状态，需要按【Shift】键，同时单击轴承盖组件，取消轴承盖组件的选中状态，然后选择螺栓组件进行拆分。螺栓与其他组件的拆分过程如图 5.2.15 所示。

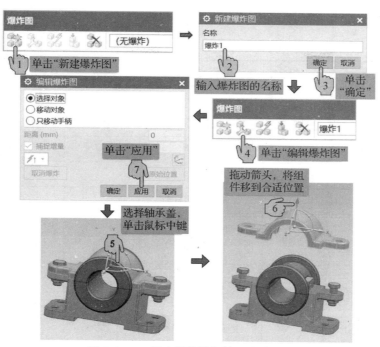

图 5. 2. 14　新建爆炸图与轴承盖的拆分

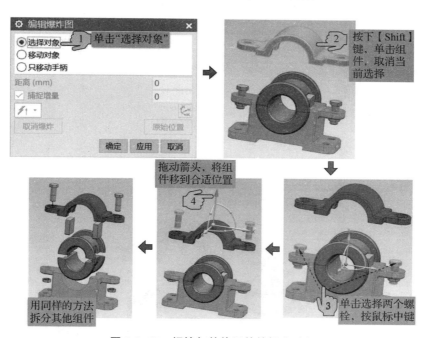

图 5. 2. 15　螺栓与其他组件的拆分过程

步骤 3：保存文件。

学生姓名			组名			班级		
小组成员								
考评项目			分值	要求		学生自评	小组互评	教师评定
知识能力		识图能力	5	正确性				
		菜单命令	10	正确率、熟练程度				
		建模思路	20	合理性、多样性				
		产品建模	40	合理性、正确性、简洁性				
		问题与解决	10	解决问题的方式与成功率				
职业素养		文明上机	5	卫生情况与纪律				
		团队协作	5	相互协作、互帮互助				
		工作态度	5	严谨认真				
成绩评定			100					
心得体会								
巩固提升			完成下图所示虎钳的装配爆炸图 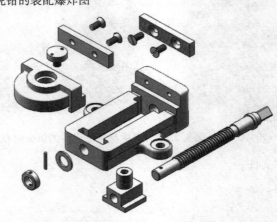					

任务 5.3　凸缘联轴器装配设计

学习任务		凸缘联轴器装配设计			
姓名			学号		班级	
任务 目标	知识目标	●熟练掌握装配中部件的阵列 ●掌握装配的一般过程			
	能力目标	●能够合理运用部件的阵列 ●能够熟练地进行产品的装配			
	素质目标	●培养团队协作能力 ●培养认真严谨的工匠精神			
任务描述		完成下图所示凸缘联轴器装配设计			
学习笔记					

凸缘联轴器的装配过程中，主要涉及阵列组件、镜像装配等命令与操作。

5.3.1 阵列组件

与零件模型中的特征阵列一样，在装配体中也可以对组件进行阵列。选择"装配"→"组件"→"阵列组件"命令，或单击"装配"选项卡中"组件"面板的"阵列组件"按钮，系统弹出"阵列组件"对话框，如图5.3.1所示。

阵列组件

图 5.3.1 "阵列组件"对话框

阵列组件的布局包括"线性"阵列、"圆形"阵列和"参考"阵列三种方式。

1. 组件的"线性"阵列

组件的"线性"阵列是使用一个或两个线性方向定义布局。组件"线性"阵列的操作方法与零件模型中的特征阵列操作基本相同，如图5.3.2中螺栓组件的"线性"阵列操作。

说明：如果修改阵列中的某个部件，系统会自动修改阵列中的每个部件。

2. 组件的"圆形"阵列

组件的"圆形"阵列是使用旋转轴和可选的径向间距参数定义组件的布局，其操作过程如图5.3.3所示。

3. 组件的"参考"阵列

组件的"参考"阵列是指使用现有阵列来定义布局，即以装配体中某一零件中的特征阵列为参照，进行组件的阵列。组件"参考"阵列的操作过程如图5.3.4所示。图中所示的螺栓组件的阵列是参照装配体中方形板组件上的孔的阵列来进行创建的。所以在创建组件的"参考"阵列之前，应在装配体的某个零件中创建某一特征的阵列，该特征阵列将作为部件阵列的参照，否则无法使用"参考"阵列命令进行组件的阵列。

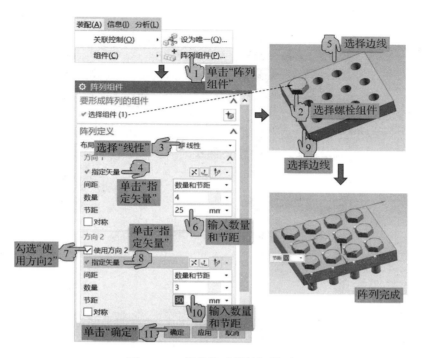

图 5.3.2 组件的"线性"阵列

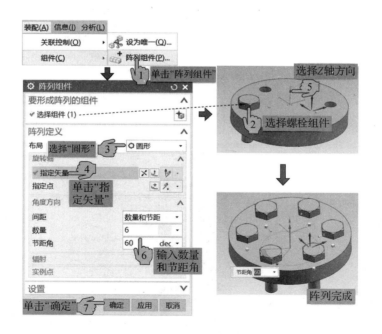

图 5.3.3 组件的"圆形"阵列

组件的"参考"阵列的操作过程如图 5.3.4 所示。

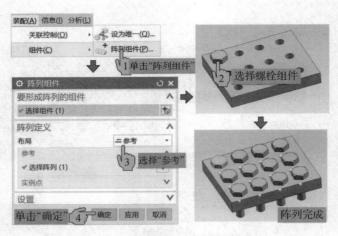

图 5.3.4　组件的"参考"阵列

5.3.2　镜像装配

"镜像装配"命令主要用于将组件对称放置，即以选定的平面进行镜像，既可以对选定的组件进行镜像，也可以对整个装配体进行镜像，如图 5.3.5 所示为螺栓的镜像装配示例。

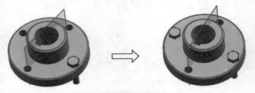

图 5.3.5　镜像装配示例

选择"装配"→"组件"→"镜像装配"命令，或单击"装配"选项卡中"组件"面板的"镜像装配"按钮，系统弹出"镜像装配向导"对话框，如图 5.3.6 所示。

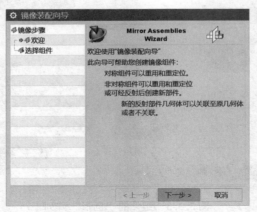

图 5.3.6　"镜像装配向导"对话框

在"镜像装配向导"对话框中依次指定要镜像的组件和镜像平面，即可完成镜像装配操作，操作过程如图 5.3.7 所示。

图5.3.7 "镜像装配向导"对话框

镜像装配最后一步，系统给出一个镜像装配结果，如果不满足设计需要，用户可以单击"循环重定位解算方案"按钮⟳，在几种镜像方案之间切换，以获得满足设计要求的镜像装配效果。

设计思路

首先装配两个轴孔半联轴器，然后装配螺栓，最后装配螺母，详细步骤如图5.3.8所示。

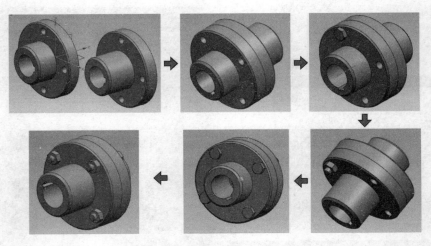

图 5.3.8 凸缘联轴器装配思路

任务实施

步骤 1：J1 型轴孔半联轴器与 J 型轴孔半联轴器的添加与装配。

（1）添加组件：利用"添加组件"命令将 J1 型轴孔半联轴器和 J 型轴孔半联轴器依次添加到装配体中，操作过程如图 5.3.9 所示。

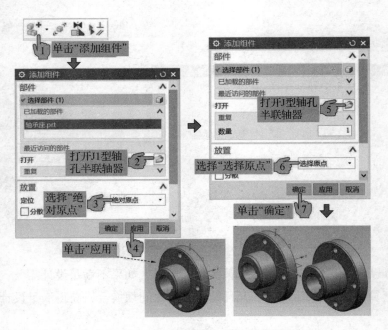

图 5.3.9 添加轴孔半联轴器组件

（2）添加装配约束：J1 型轴孔半联轴器采用固定的装配约束，J 型轴孔半联轴器参照 J1 型轴孔半联轴器的位置进行装配，操作过程如图 5.3.10 所示。

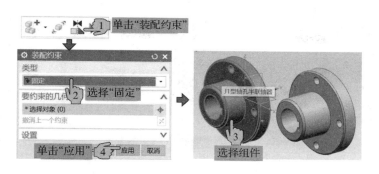

图 5.3.10　J1 型轴孔半联轴器装配约束

J 型轴孔半联轴器参照 J1 型轴孔半联轴器进行定位，装配约束的添加过程如图 5.3.11 所示。

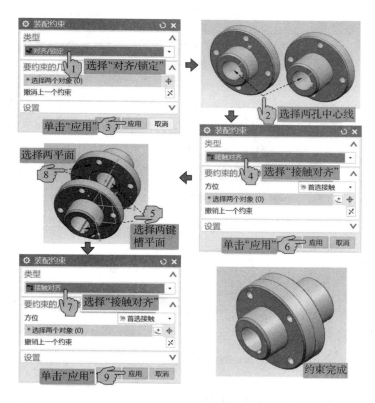

图 5.3.11　J 型轴孔半联轴器装配约束

步骤 2：螺栓的添加与装配。

螺栓组件的添加与装配过程如图 5.3.12 所示。

步骤 3：螺母的添加与装配。

螺母组件的添加与装配过程如图 5.3.13 所示。

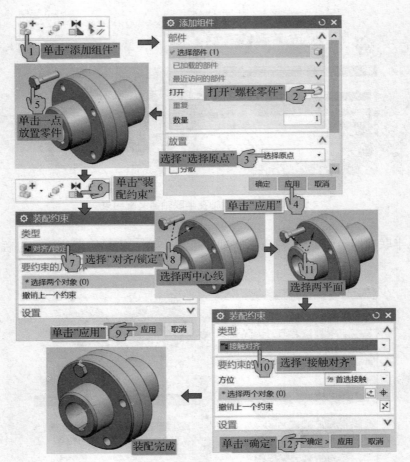

图 5.3.12 螺栓组件的添加与装配

图 5.3.13 螺母组件的添加与装配

步骤 4：螺栓与螺母的阵列。

（1）螺栓的阵列：螺栓采用参考阵列的布局来阵列，操作过程如图 5.3.14 所示。

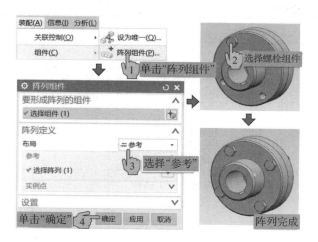

图 5.3.14　螺栓的阵列

（2）螺母的阵列：螺母阵列时采用的布局方式为"圆形"，操作过程如图 5.3.15 所示。

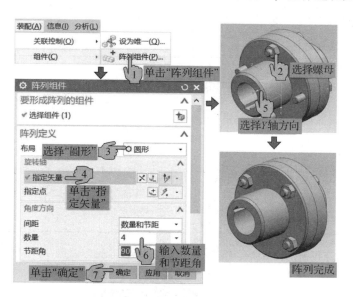

图 5.3.15　螺母的阵列

步骤 5：保存文件。

学生姓名		组名		班级		
小组成员						
考评项目		分值	要求	学生自评	小组互评	教师评定
知识能力	识图能力	5	正确性			
	菜单命令	10	正确率、熟练程度			
	建模思路	20	合理性、多样性			
	产品建模	40	合理性、正确性、简洁性			
	问题与解决	10	解决问题的方式与成功率			
职业素养	文明上机	5	卫生情况与纪律			
	团队协作	5	相互协作、互帮互助			
	工作态度	5	严谨认真			
成绩评定		100				

心得体会	
巩固提升	完成下图所示轴承的装配

项目小结

　　装配设计中自底向上的装配方法是必须掌握的知识，自顶向下装配和 WAVE 链接的难度相对较大，可作为拓展知识进行学习。

　　装配设计的过程就是约束限位的过程，合理的约束关系是实现准确、快速地完成装配设计的前提，因此装配约束是本项目的核心内容。

　　装配设计模块是 UG NX 模块中的重要组成部分之一，通过装配模块，可以掌握许多高级功能的应用方法，并且更加能够体会到软件设计的相关性。在设计过程中，要严格遵守制图标准，具备认真负责的工作态度和严谨的工作作风，以保证设计的准确性和高效性。

项目 5 习题

项目6　工程图设计

作为产品设计的最后一环，工程图是传递产品信息的工具。工程图能否清晰地表达产品的信息，图纸中的尺寸、公差及技术要求是否合理，都直接关系到产品的精度和价值。通过对本项目的学习，可以达到如下目的：

（1）熟悉工程图命令，认识并熟练运用工程图命令进行工程图设计。

（2）能够根据三维模型，合理选择命令和表达方式生成标准工程图。

本项目通过多个任务，完成工程图模块主要命令的讲解，主要内容包括：

◆ 工程图基础知识。

◆ 进入与退出工程图环境。

◆ 工程图参数设置。

◆ 工程图视图创建。

◆ 工程图视图标注。

◆ 工程图表格。

任务 6.1　工程图基础知识

作为设计的最后一环，工程图是传递产品信息的工具。工程图能否清晰地表达产品的信息，图纸中的尺寸、公差以及技术要求是否合理，都直接关系到产品精度以及产品价值。所以一定要对工程图引起重视。

一张完整的工程图应该是由图框、图素、尺寸标注和技术要求四部分组成。图框包括图纸的幅面，也就是图纸大小，标准规格有 A0、A1、A2、A3、A4，尺寸如表 6.1.1 所示，其中 A3 和 A4 最为常用。

表 6.1.1　图纸幅面尺寸

幅面代号	A0	A1	A2	A3	A4
$B \times L$	$841 \times 1\ 189$	594×841	420×594	297×420	210×297
a	25				
c	10			5	
e	20		10		

图框也有相应的国家标准，图 6.1.1 是有装订边图纸的图框格式，它分为横向和纵向两种形式，相应尺寸与表 6.1.1 相对应。在图框里面包含标题栏，其尺寸也要符合国家标准。

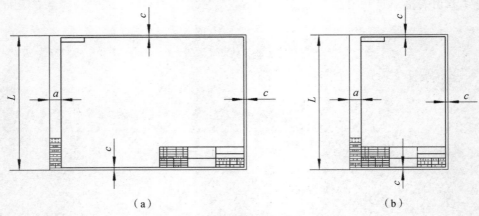

图 6.1.1　图纸规格
（a）横向；（b）纵向

尺寸标注也要符合基本规范，完整的尺寸包括尺寸线和箭头、尺寸界线和尺寸数字，如图 6.1.2 所示。尺寸线和尺寸界线必须是细实线，尺寸数字为长仿宋体，字体高度符合国家标准。

尺寸标注的基本要求：

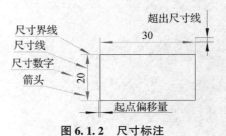

图 6.1.2　尺寸标注

（1）正确。尺寸标注要符合国家规定。

（2）完全。零件所需的尺寸全部标注，不能遗漏和重复。

（3）清晰。尺寸的布局要整洁，便于看图，不允许有任何线从尺寸数字中穿过。

尺寸单位一般用毫米，不需要注明单位。如果用其他单位则需要注明。

工程图由多种线条组成，我国对线型也有相应规定，分为粗线和细线，其宽度比为 2：1。线型宽度有 0.13 mm、0.18 mm、0.25 mm、0.35 mm、0.5 mm、0.7 mm、1 mm、1.42 mm，为了保证制图清晰，线条不宜过细和过粗。

图形与其反映的实物相应要素的线性尺寸之比称为比例。通常工程图中最好采用 1：1 的比例，这样图样中零件的大小即实物的大小。但零件有的很小，有的非常大，因此不宜根据零件大小而采用相同大小的图纸，而要据情况选择合适的绘图比例，根据 GB/T 14690—1993 规定，绘制工程图时一般优先选择表 6.1.2 所示的绘图比例，若未能满足要求，也允许使用表 6.1.3 所示的绘图比例。

表 6.1.2 推荐的绘图比例

种类	比例				
原值比例	1：1				
放大比例	2：1	5：1	10：1	$2 \times 10^n：1$	$5 \times 10^n：1$	$1 \times 10^n：1$
缩小比例	1：2	1：5	1：10	$1：2 \times 10^n$	$1：5 \times 10^n$	$1：1 \times 10^n$

表 6.1.3 允许的绘图比例

种类	比例				
原值比例	1：1				
放大比例	4：1	2.5：1	10：1	$4 \times 10^n：1$	$2.5 \times 10^n：1$
缩小比例	1：1.5　1：2.5　1：3　1：4　1：6　$1：1.5 \times 10^n$　$1：2.5 \times 10^n$　$1：3 \times 10^n$　$1：4 \times 10^n$　$1：6 \times 10^n$				

根据 ISO 国际标准规定，第一视角投影与第三视角投影同等有效，我国采用第一视角投影。为了表达清楚，常用三视图（即主视图、左视图和俯视图），三视图满足长对正、高平齐和宽相等的度量关系。

在 NX 软件中创建工程图的方法有多种。

方法一：二维方式，它不引用任何三维模型而创建独立的二维图纸，一般很少用这种方式，其操作如图 6.1.3 所示。

方法二：在模型中创建图纸，即工程图和模型在同一个文件当中，其操作如图 6.1.4 所示。当这个模型变更时，工程图也会同步变更。

工程图创建方法

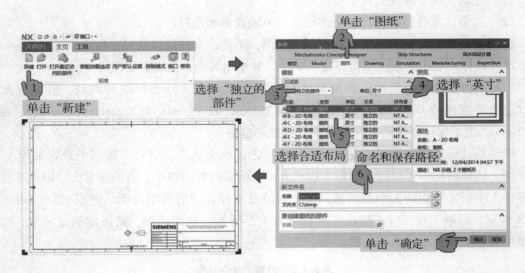

图 6.1.3　创建独立二维图纸

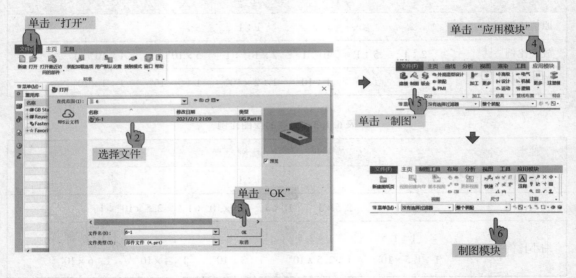

图 6.1.4　在模型中创建图纸

　　方法三：新建模型图纸。该方法与方法二都是基于模型生成过程图，二者区别是：方法二中的工程图和模型在同一个文件中，方法三中的工程图和模型文件是分开的，当模型变更时，工程图也会同步变更，在设计复杂的模型时采用这种方式，可以将模型文件共享，由其他人员出工程图，以提高效率，其操作方法如图 6.1.5 所示。

设置与加载制图标准

　　工程图标准设置：在进行工程图设计前，应进行标准选择，UG NX 10.0 提供了一些多个国家的制图标准，如果这些标准不能满足要求，也可以根据用户需求进行标准定制，制图标准设置和定制操作如图 6.1.6 所示。

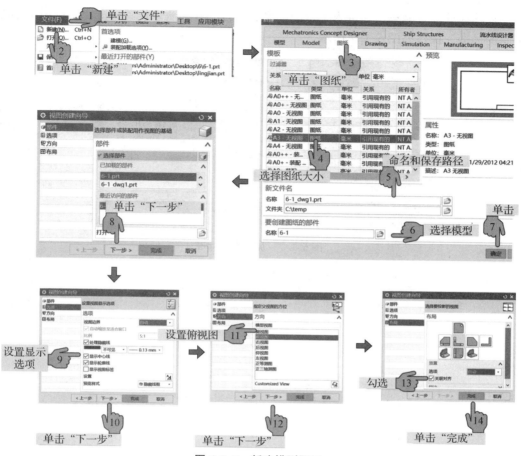

图 6.1.5　新建模型图纸

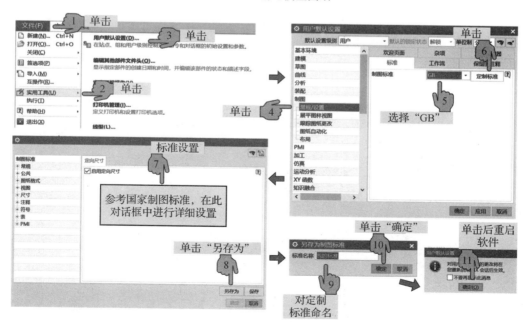

图 6.1.6　设置制图标准

工程图标准设置完毕，在进入工程图环境后，首先要加载该设置标准，否则系统不能执行定制的标准，操作如图6.1.7所示。

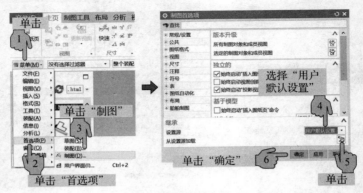

图 6.1.7　加载设置标准

任务 6.2　创建虎钳零件视图

学习任务		创建虎钳零件视图			
姓名		学号		班级	
任务目标	知识目标	• 掌握各种视图的创建方法 • 掌握图框和标题栏的创建方法			
	能力目标	• 能够正确运用各种创建视图命令 • 能够根据零件合理选择视图			
	素质目标	• 培养随机应变、活学活用的能力 • 培养认真严谨的工匠精神			
任务描述		完成下图所示非标零件的工程图视图创建，主要涉及工程图基本设置、比例、标准视图、投影视图、向视图、剖视图、局部视图等命令操作 			
学习笔记					

任务分析

虎钳由多个零件组成，除标准件外，其他非标准件都要进行工程图创建。由于零件形状不同，在进行工程图创建时，需要运用不同比例和视图来表达零件，要求能灵活运用各种命令。

知识链接

6.2.1　下拉菜单与工具条

进入工程图环境以后，下拉菜单和工具条将发生一些变化，系统为用户提供了方便、快捷的操作界面。下面对工程图环境中较常用的下拉菜单和工具条进行介绍。

本节主要介绍利用工具条来创建完成视图。

1. 下拉菜单部分命令简介

（1）"编辑"下拉菜单：主要用于编辑工程图中的尺寸、注释、符号及表格等属性级样式，如图6.2.1所示。

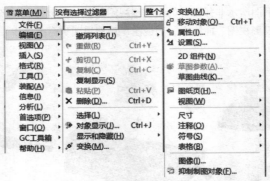

图6.2.1　"编辑"下拉菜单

（2）"首选项"下拉菜单：主要用于创建工程图之前进行制图环境的设置（可参阅图6.1.7），如图6.2.2所示。

（3）"插入"下拉菜单：主要用于创建工程图中的图纸页、视图、标注和注释等，如图6.2.3所示。

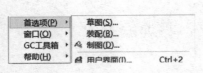

图6.2.2　"首选项"下拉菜单

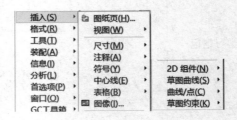

图6.2.3　"插入"下拉菜单

2. 工具条

切换到制图环境后，工具条多数与工程图有关，工具条显示效果如图6.2.4所示，也可以根据使用习惯对工具条进行个性化定制，如图6.2.5所示为定制后的显示效果，各工具条中命令名称也可以参考该图。

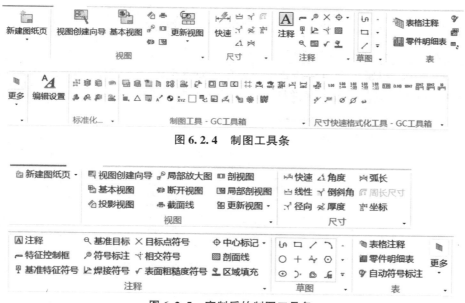

图6.2.4 制图工具条

图6.2.5 定制后的制图工具条

6.2.2 制图环境中的部件导航器

在UG NX 10.0工程图环境中，部件导航器（图6.2.6）可用于编辑、查询和删除图样（包括在当前部件中的成员视图），"图纸"节点下包括图纸页、成员视图、剖面线和相关表格。不同节点弹出的快捷菜单有具体不同的命令。

1. "图纸"节点快捷菜单

"图纸"节点快捷菜单主要对栅格、更新、更新图纸页等进行操作，如图6.2.7所示。

图6.2.6 部件导航器

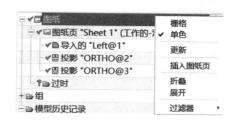

图6.2.7 "图纸"节点快捷菜单

2. "图纸页"节点快捷菜单

"图纸页"节点快捷菜单主要进行视图更新、添加视图、复制视图、删除视图、重命名视图等操作，如图6.2.8所示。

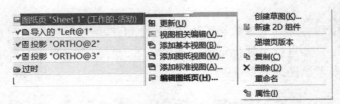

图 6.2.8　"图纸页"节点快捷菜单

3. "导入的"和"投影"节点快捷菜单

"导入的"和"投影"节点快捷菜单主要用于对本视图进行设置、编辑、基于本视图添加其他视图、对齐，以及对本视图进行剪切、复制、删除等操作，如图 6.2.9 所示。

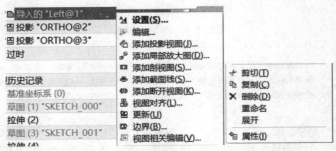

图 6.2.9　"导入的"和"投影"节点快捷菜单

6.2.3　常用视图创建命令

1. 新建图纸页

进入工程图环境后，首先需要创建空白的图纸页。利用"新建图纸页"命令完成，如图 6.2.10 所示。

新建图纸页

图 6.2.10　新建图纸页

选项说明：

使用模板：系统已经设置的模板，包含图框和标题栏。

标准尺寸：提供标准尺寸的虚线框，用户可设置比例和选择尺寸。

定制尺寸：根据需要来定制非标准尺寸的图框。

2. 基本视图

基本视图是基于三维几何模型的视图，它既可以独立放置在图纸页中，也可以成为其他父视图，通过"基本视图"命令进行操作，其选项如图 6.2.11 所示。

图 6.2.11　基本视图

3. 投影视图

投影视图是以最后放置的基本视图作为父视图来产生的视图（用户也可以选择其他已经创建的视图作为父视图），在放置时系统会自动判断出正交视图或辅助视图，或者由用户来设置投影的方向。通过"投影视图"命令进行操作，其选项如图 6.2.12 所示。

图 6.2.12　投影视图

4. 局部放大图

局部放大图是将视图的某个部位单独放大并建立一个新的视图，以便显示零件结构和标注尺寸，通过"局部放大图"命令进行操作，其选项如图 6.2.13 所示。

5. 剖视图

剖视图一般用来表达零件内部形状和结构，UG NX 10.0 通过"剖视图"命令可以完成全剖、阶梯剖和旋转剖等剖视图，其选项如图 6.2.14 所示。

图 6.2.13　局部放大图

图 6.2.14　剖视图

6. 局部剖视图

局部剖视图是通过一处零件某个局部区域的材料来查看内部结构的剖视图，创建时需要提前绘制封闭或开放的曲线来定义要剖开的区域，通过"局部剖视图"命令来进行操作，其选项如图 6.2.15 所示。

7. 断开视图

使用"断开视图"命令可以创建、修改和更新带有多个边界的压缩视图，由于视图边界发生了变化，因而视图的显示几何体也会随之改变，其选项如图 6.2.16 所示。

图 6.2.15　局部剖视图

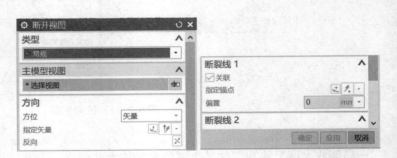

图 6.2.16　断开视图

设计思路

该虎钳由多个零件组成，不同形状的零件需要用不同视图方法来表达，需要逐一进行分析。

1. 固定螺钉

固定螺钉形状简单，用主视图和俯视图即可表达零件，另外可对孔进行局部剖来表达，如图 6.2.17 所示。

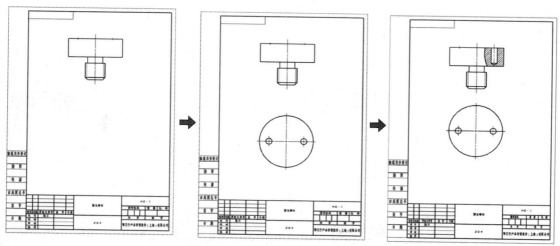

图 6.2.17　固定螺钉视图创建流程

2. 活动钳口

活动钳口需要用三视图来表达零件，另外可对孔进行局部剖来表达，如图 6.2.18 所示。

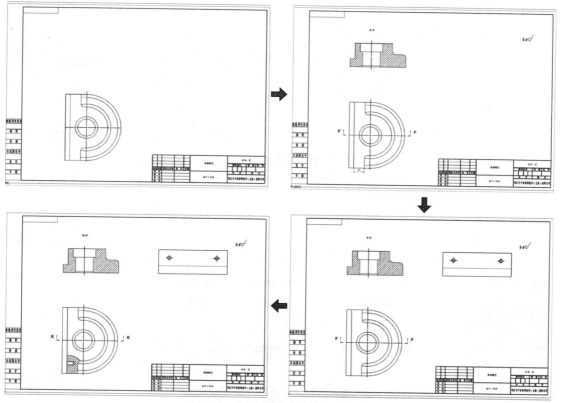

图 6.2.18　活动钳口视图创建流程

3. 固定钳身

固定螺钉需要用三视图来表达零件，另外需要局部剖和半剖辅助来表达，如图 6.2.19 所示。

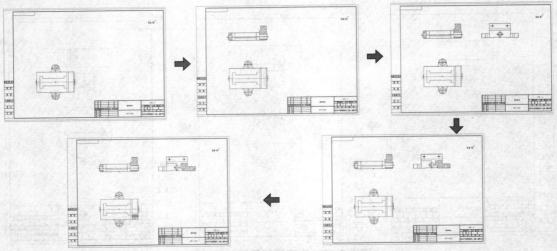

图 6.2.19   固定钳身视图创建流程

4. 丝杠

丝杠需要用三视图来表达零件，另外需要定向视图和局部放大图辅助来表达，如图 6.2.20 所示。

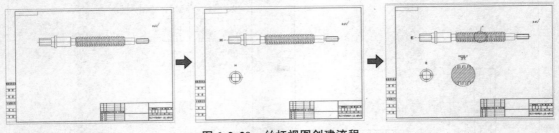

图 6.2.20   丝杠视图创建流程

1. 固定螺钉

步骤 1：新建图纸页，如图 6.2.21 所示。

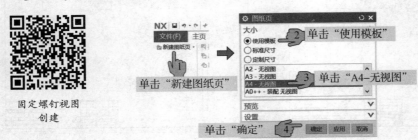

图 6.2.21   新建图纸页

步骤2：生成主视图和俯视图，如图6.2.22所示。

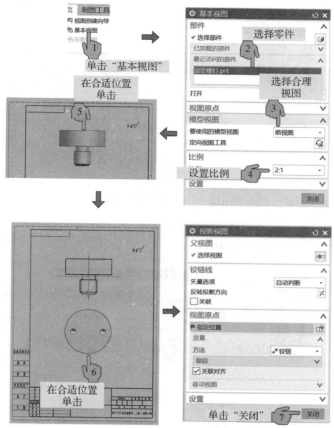

图 6.2.22 生成主视图和俯视图

步骤3：绘制局部剖轮廓，如图6.2.23所示。

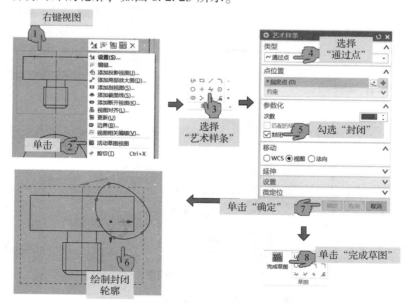

图 6.2.23 绘制局部剖轮廓

步骤4：创建局部剖视图，如图6.2.24所示。

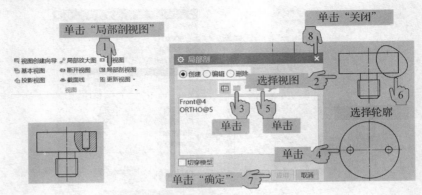

图 6.2.24　创建局部剖视图

2. 活动钳口

步骤1：新建图纸页，如图6.2.25所示。

活动钳口视图
创建

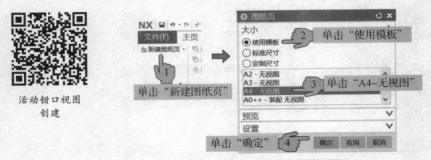

图 6.2.25　新建图纸页

步骤2：创建俯视图，如图6.2.26所示。

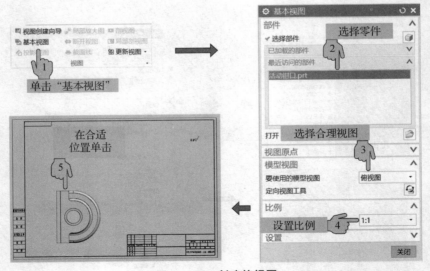

图 6.2.26　创建俯视图

步骤3：创建（主视图）剖视图，如图6.2.27所示。

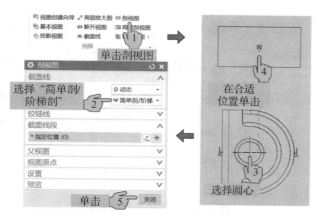

图 6.2.27　创建剖视图

步骤 4：创建左视图，如图 6.2.28 所示。

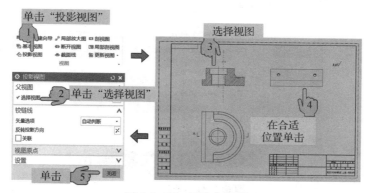

图 6.2.28　创建左视图

步骤 5：绘制局部剖视图轮廓线，如图 6.2.29 所示。

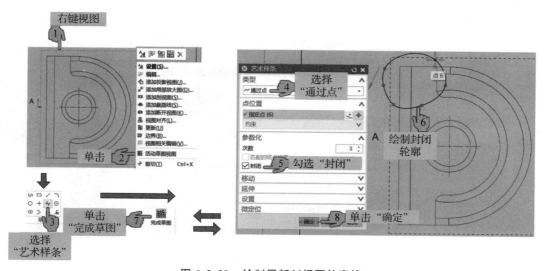

图 6.2.29　绘制局部剖视图轮廓线

步骤 6：创建局部剖视图，如图 6.2.30 所示。

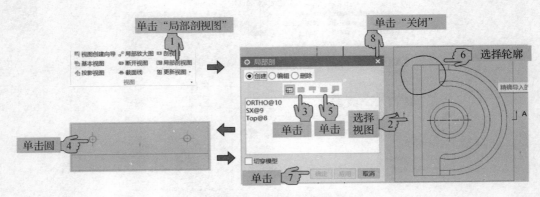

图 6.2.30　创建局部剖视图

3. 固定钳身

步骤 1：新建图纸页，如图 6.2.31 所示。

固定钳身视图
创建

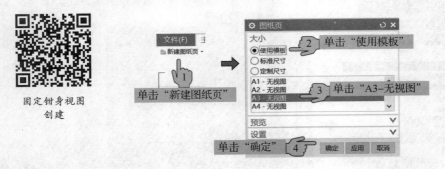

图 6.2.31　新建图纸页

步骤 2：创建俯视图，如图 6.2.32 所示。

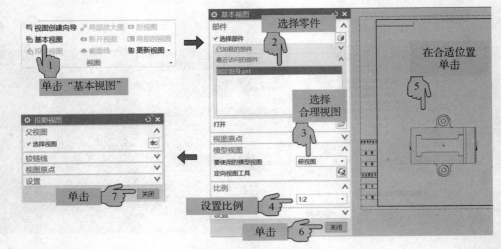

图 6.2.32　创建俯视图

步骤 3：创建（主视图）剖视图，如图 6.2.33 所示。

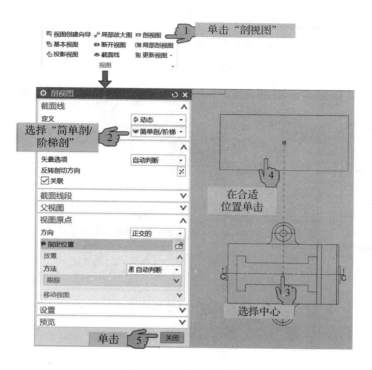

图 6.2.33 创建剖视图

步骤 4：创建左视图，如图 6.2.34 所示。

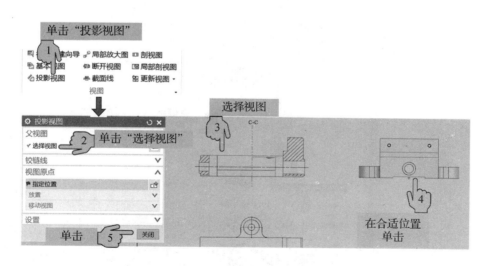

图 6.2.34 创建左视图

步骤 5：创建左视图（半剖视图），如图 6.2.35 所示。
步骤 6：创建局部剖视图，如图 6.2.36 所示。

三维造型设计

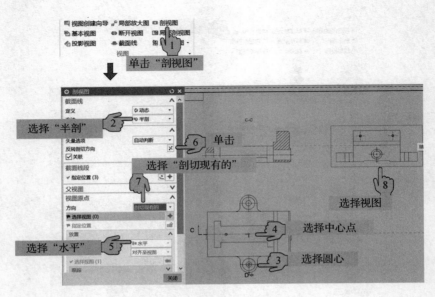

图 6.2.35　创建半剖视图

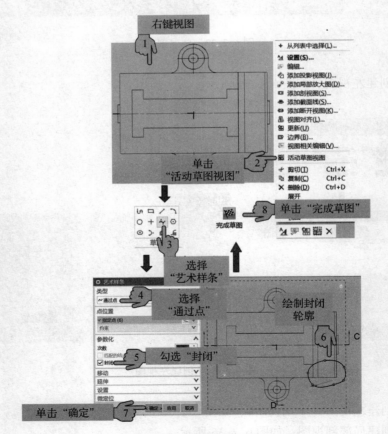

图 6.2.36　创建局部剖视图

4. 丝杠

步骤1：新建图纸页，如图6.2.37所示。

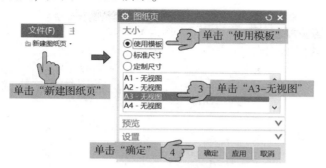

丝杠视图创建

图 6.2.37　新建图纸页

步骤2：创建主视图，如图6.2.38所示。

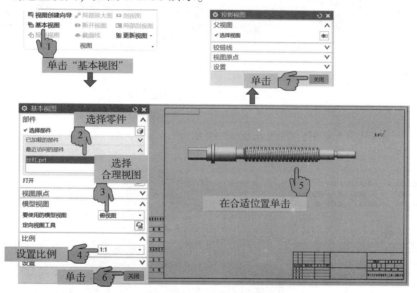

图 6.2.38　创建主视图

步骤3：创建定向视图，如图6.2.39所示。

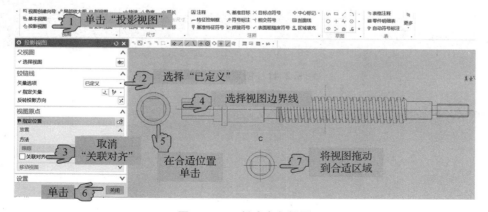

图 6.2.39　创建定向视图

三维造型设计

步骤 4：绘制局部剖轮廓线，如图 6.2.40 所示。

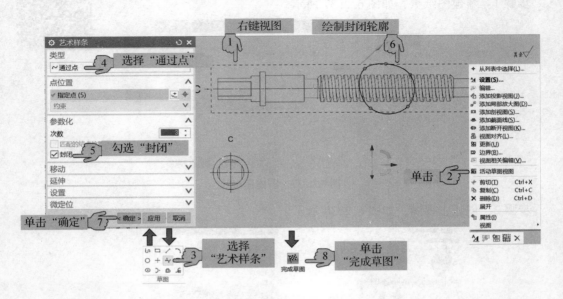

图 6.2.40　绘制局部剖轮廓线

步骤 5：创建局部剖视图，如图 6.2.41 所示。

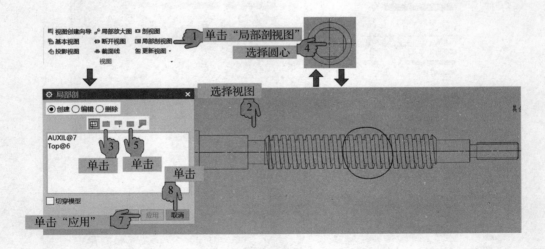

图 6.2.41　创建局部剖视图

步骤 6：创建局部放大图，如图 6.2.42 所示。

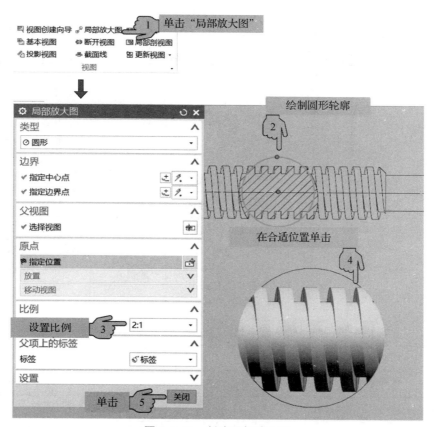

图 6.2.42　创建局部放大图

考核评价

学生姓名			组名		班级		
小组成员							
考评项目			分值	要求	学生自评	小组互评	教师评定
知识能力		制图设置	5	正确性、合理性			
		菜单命令	10	正确率、熟练程度			
		视图布局	20	正确性、合理性			
		生成视图	40	合理性、正确性、简洁性			
		问题与解决	10	解决问题的方式与成功率			
职业素养		文明上机	5	卫生情况与纪律			
		团队协作	5	相互协作、互帮互助			
		工作态度	5	严谨认真			
成绩评定			100				
心得体会							
巩固提升			完成其他非标零件工程图				

任务 6.3　创建虎钳零件工程图标注

学习任务		创建虎钳零件工程图标注			
姓名		学号		班级	
任务目标	知识目标	• 掌握各种视图标注方法 • 掌握标题栏填写方法			
	能力目标	• 能够正确运用各种标注命令 • 能够选择合理的标注来表达零件			
	素质目标	• 培养随机应变、活学活用的能力 • 培养认真严谨的工匠精神			
任务描述	在前面已经完成工程图视图创建的基础上，进行视图标注，把零件视图表达完整				
学习笔记					

要完整地表达一个零件，除了工程图视图外还包括标题栏及标注，标注又可分为尺寸标注、形位公差、位置公差和表面精度，在 UG NX 中需要运用多个命令来完成这些标注。

6.3.1 尺寸

进入工程图环境以后，下拉菜单和工具条将发生一些变化，系统为用户提供了方便、快捷的操作界面。下面对工程图环境中较常用的下拉菜单和工具条进行介绍。

本节主要介绍利用工具条来创建完成视图。

1. 尺寸选项卡

（1）快速尺寸：允许用户使用系统功能创建尺寸，可以根据用户选取的对象以及光标位置智能地判断尺寸类型，其下拉列表包括所有其他尺寸标注方式，如图 6.3.1 所示。

（2）线性尺寸：在两个对象或点位置之间创建线性尺寸，可以自动判断或者选择水平、竖直、点到点等方式，如图 6.3.2 所示。

图 6.3.1　快速尺寸　　　　　　　　　图 6.3.2　线性尺寸

（3）角度尺寸：在两条不平行的直线之间创建角度尺寸，需要选择两直线要素，如图 6.3.3 所示。

（4）弧长尺寸：创建一个弧长尺寸用来测量圆弧长度，不能标注样条曲线长度，如图 6.3.4 所示。

（5）倒斜角尺寸：在倒斜角曲线上创建倒斜角尺寸，标注时需要选择倒斜角对象和参考对象，如图 6.3.5 所示。

（6）径向尺寸：创建圆形对象的半径、直径或孔尺寸，既可以根据选择对象智能判断类型，也可以在下拉列表中选择类型，如图 6.3.6 所示。

图 6.3.3　角度

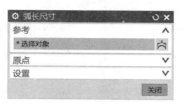

图 6.3.4　弧长

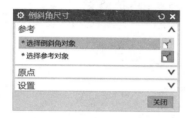

图 6.3.5　倒斜角

图 6.3.6　径向

（7）坐标尺寸：创建一个坐标尺寸，测量从公共点沿一条坐标基线到某一位置的距离，可选择一个或多个坐标尺寸标注，如图 6.3.7 所示。

2. 标注命令工具条

在标注尺寸的过程中，右击任一尺寸，在弹出的快捷菜单中选择命令，系统会弹出相应的 "尺寸编辑" 界面，如图 6.3.8 所示。

图 6.3.7　坐标

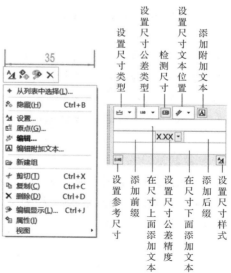

图 6.3.8　尺寸编辑

3. "附加文本"对话框

在标注尺寸的过程中,右击任一尺寸,在弹出的快捷菜单中选择命令,系统会弹出相应的"尺寸编辑"界面,如图 6.3.9 所示。

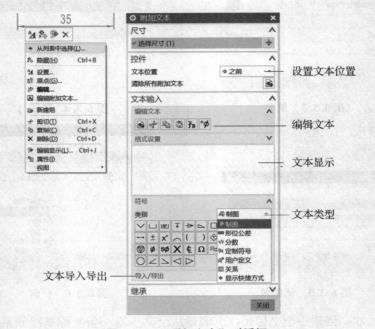

图 6.3.9 "附加文本"对话框

6.3.2 注释

"注释"选项卡主要完成注释文本、形位公差、表面粗糙度、剖面线等标注。

1. 注释文本

在工程图中通常需要必要的文字说明,即技术要求,如工件的热处理要求、装配要求等,可以设置带指引线或者不带指引线,如图 6.3.10 所示。

2. 基准特征符号

基准特征符号是一种表示设计基准的符号,在创建工程图中也是必要的,其选项如图 6.3.11 所示。

3. 特征控制框

形位公差用来表示加工完成的零件的实际几何与理想几何之间的误差,包括形状公差和位置公差,简称"形位公差",是工程图中常见的重要技术参数,在 UG NX 中通过"特征控制框"来实现标注,其选项如图 6.3.12 所示。

4. 表面粗糙度

表面粗糙度是指零件表面在横断面上的微小峰谷的不平度,是机械零件图样中非常重要的技术参数,它对于加工工艺、成本、零件精度和寿命等都有重要的影响,其选项如图 6.3.13 所示。

图 6.3.10　注释

图 6.3.11　基准特征符号

图 6.3.12　特征控制框

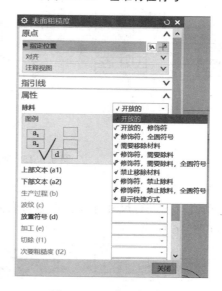

图 6.3.13　表面粗糙度

5. 中心线

UG NX 10.0 提供了很多中心线类型的符号，如中心标记、螺栓圆、圆形、对称、2D 中心线和 3D 中心线，可以进一步丰富和完善工程图，如图 6.3.14 所示。

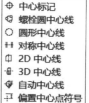

图 6.3.14　中心线

设计思路

该虎钳由多个零件组成，接下来分别对零件进行注释。

1. 固定螺钉

对固定螺钉先进行尺寸标注，再进行表面粗糙度标注，最后填写技术要求和标题栏，其流程如图 6.3.15 所示。

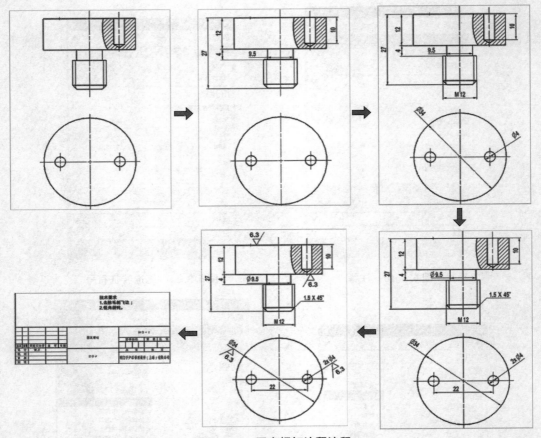

图 6.3.15　固定螺钉注释流程

2. 活动钳口

对活动钳口先进行尺寸标注，再进行表面粗糙度标注，最后填写技术要求和标题栏，其流程如图 6.3.16 所示。

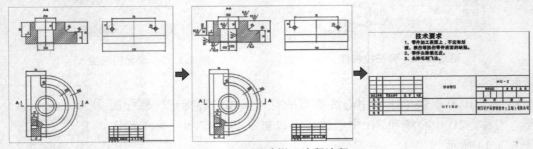

图 6.3.16　活动钳口注释流程

3. 固定钳身

对固定钳身先进行尺寸标注，再进行表面粗糙度标注，然后进行形位公差标注，最后填写技术要求和标题栏，其流程如图 6.3.17 所示。

4. 丝杠

对丝杠先进行尺寸标注，再进行表面粗糙度标注，然后进行形位公差标注，最后填写技术要求和标题栏，其流程如图 6.3.18 所示。

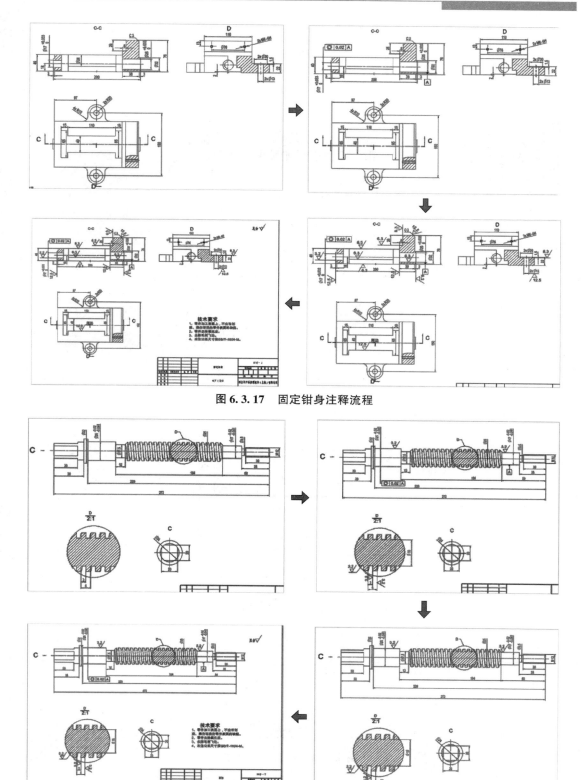

图 6.3.17　固定钳身注释流程

图 6.3.18　丝杠注释流程

任务实施

1. 固定螺钉

步骤1：标注尺寸（厚度），如图6.3.19所示。

固定螺钉视图
标注

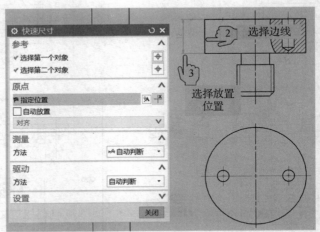

图6.3.19 标注尺寸

步骤2：标注其他尺寸，如图6.3.20所示。

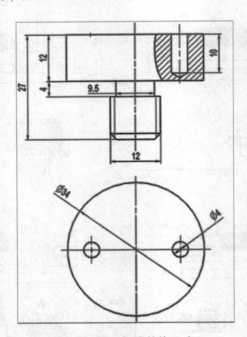

图6.3.20 标注其他尺寸

步骤3：编辑（孔）尺寸，如图6.3.21所示。

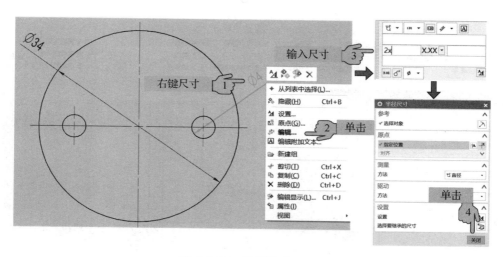

图 6.3.21　编辑尺寸（一）

步骤4：编辑其他尺寸，如图 6.3.22 所示。

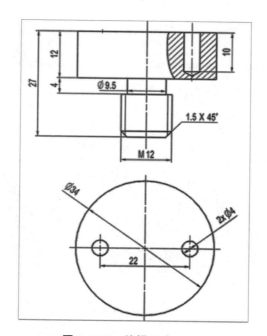

图 6.3.22　编辑尺寸（二）

步骤5：标注倒斜角，如图 6.3.23 所示。

步骤6：标注表面粗糙度，如图 6.3.24 所示。

步骤7：标注其他表面粗糙度，如图 6.3.25 所示。

步骤8：填写技术要求，如图 6.3.26 所示。

步骤9：填写标题栏，如图 6.3.27 所示。

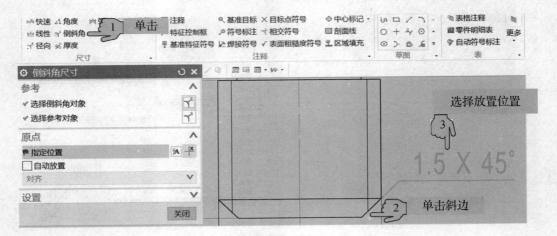

图 6.3.23　标注倒斜角

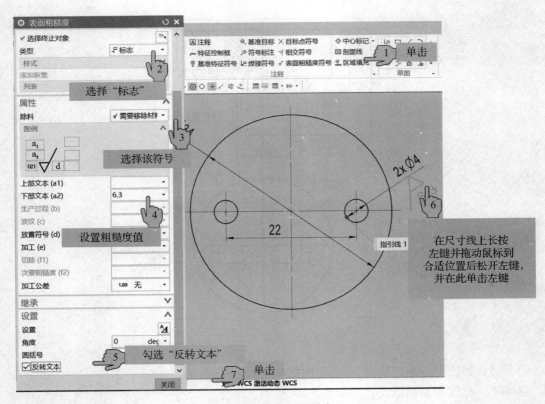

图 6.3.24　标注表面粗糙度（一）

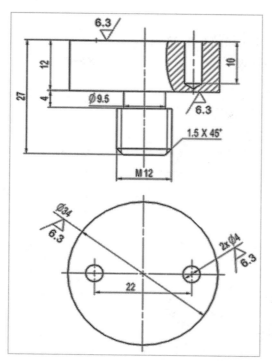

图 6.3.25　标注表面粗糙度（二）

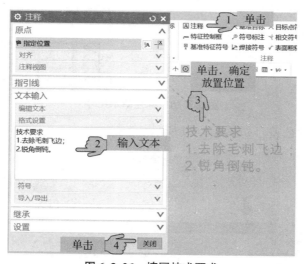

图 6.3.26　填写技术要求

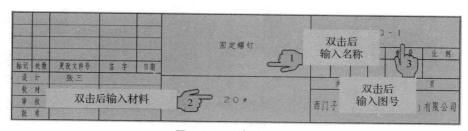

图 6.3.27　填写标题栏

2. 活动钳口

步骤1：标注基本尺寸，如图6.3.28所示。

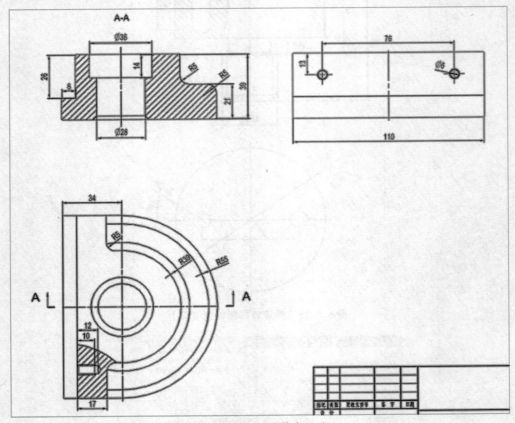

图 6.3.28　标注基本尺寸

步骤2：添加尺寸公差，如图6.3.29所示。

活动钳口视图
标注

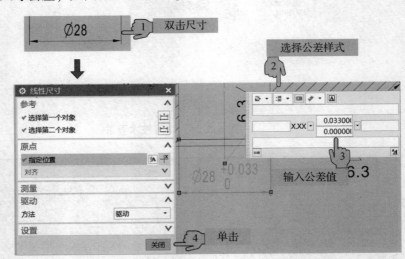

图 6.3.29　添加尺寸公差

步骤3：标注表面粗糙度，如图6.3.30所示。

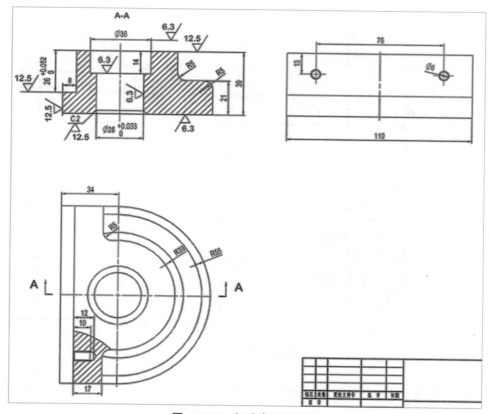

图 6.3.30　标注表面粗糙度

步骤 4：填写技术要求和标题栏，如图 6.3.31 所示。

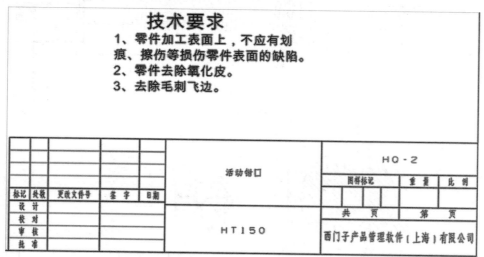

图 6.3.31　填写技术要求和标题栏

3. 丝杠

步骤 1：标注尺寸，如图 6.3.32 所示。

丝杠视图标注

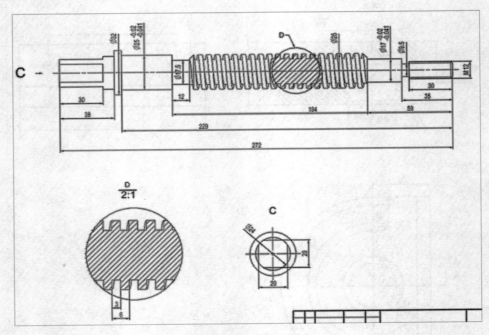

图 6.3.32　标注尺寸

步骤 2：标注表面粗糙度，如图 6.3.33 所示。

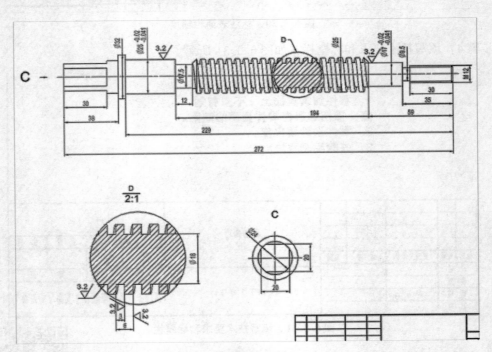

图 6.3.33　标注表面粗糙度

步骤 3：标注基准特征，如图 6.3.34 所示。

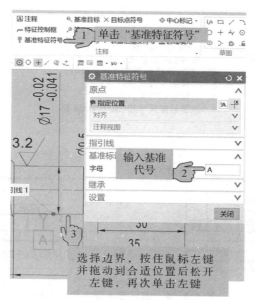

图 6.3.34 标注基准特征

步骤4：标注形位公差（同轴度），如图 6.3.35 所示。

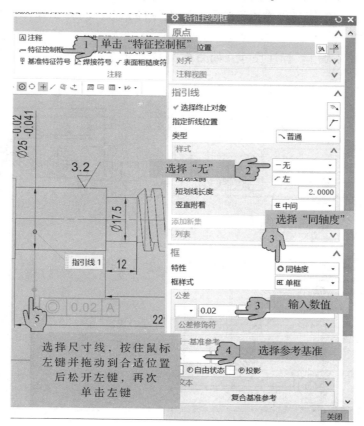

图 6.3.35 标注形位公差

步骤 5：填写技术要求和标题栏，如图 6.3.36 所示。

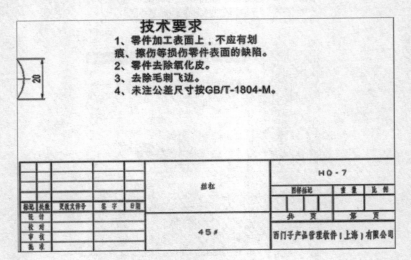

图 6.3.36　填写技术要求和标题栏

固定钳身视图
标注

4. 固定钳身

固定钳身操作流程基本与前面零件相似，具体操作可以参阅前面标注方法。

步骤 1：标注尺寸，如图 6.3.37 所示。

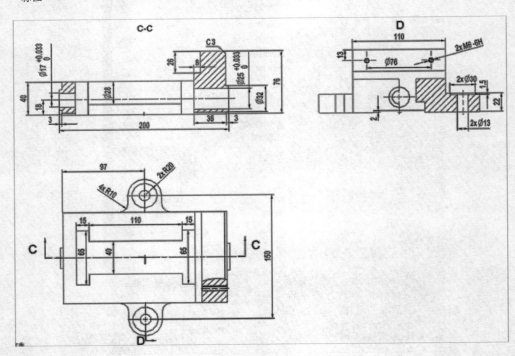

图 6.3.37　标注尺寸

步骤2：标注基准和形位公差，如图6.3.38所示。

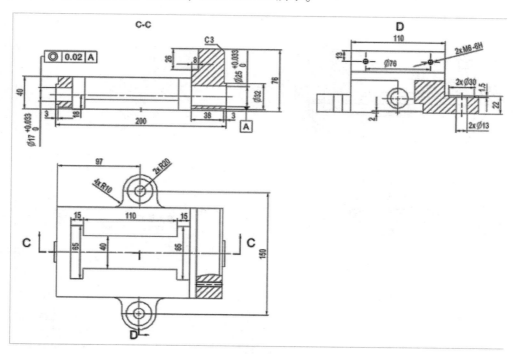

图6.3.38 标注基准和形位公差

步骤3：标注表面粗糙度，如图6.3.39所示。

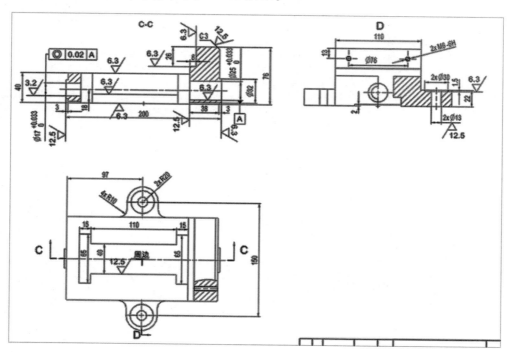

图6.3.39 标注表面粗糙度

步骤4：填写技术要求和标题栏，如图 6.3.40 所示。

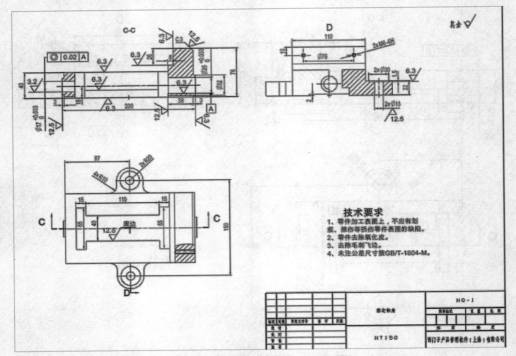

图 6.3.40 填写技术要求和标题栏

任务 6.4   创建虎钳装配工程图

学习任务		创建虎钳装配工程图			
姓名			学号	班级	
任务目标	知识目标	• 掌握装配工程图创建方法 • 掌握明细表制作和零件序号标注方法			
	能力目标	• 能够创建符合标准的明细表 • 能够根据装配体选择合理的视图表达方法			
	素质目标	• 培养随机应变、活学活用的能力 • 培养认真严谨的工匠精神			
任务描述		完成虎钳装配工程图生成、明细表制作以及零件序号标注等任务			
学习笔记					

三维造型设计

虎钳装配工程图用于表达装配体尺寸以及各个零件的装配关系和要求，可以合理运用不同方位视图、剖视图、爆炸图以及零件明细来表达。

6.4.1 表格注释

创建零件明细表有两种方式：一种是用"表格注释"命令，该方式类似在 Office 中创建表格，然后对表格进行编辑和输入文字；另一种是用"零件明细表"，该方式可以自动根据装配体创建明细表，但是大多数情况需要对明细表模板进行定制，该方式后期也可以进行自动符号标注。

本节主要介绍通过"表格注释"命令来创建明细表。在"表"选项卡中单击"表格注释"命令，弹出"表格注释"对话框，如图 6.4.1 所示，可以对表格行数、列数、列宽以及其他格式进行设置。创建标准明细表操作请扫描二维码，参考"表格"操作视频。

表格

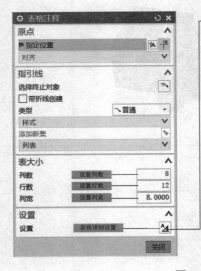

图 6.4.1 表格注释

6.4.2 符号标注

通过"符号标注"命令可以对零件进行序号标注，在"注释"选项卡中单击"符号标注"命令，弹出"符号标注"对话框，如图 6.4.2 所示，在该对话框中可以设置指引线、箭头、标注样式等格式。

图 6.4.2　表格

首先创建虎钳装配图三视图（包括半剖视图和局部剖视图），再进行尺寸标注，然后进行符号标注和明细表创建，最后填写技术要求和标题栏，如图 6.4.3 所示。

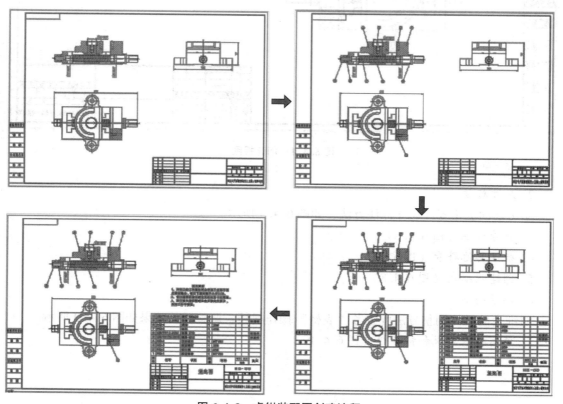

图 6.4.3　虎钳装配图创建流程

虎钳装配图视图
创建和标注

任务实施

1. 创建三视图

　　虎钳三视图创建方法可参考前面虎钳零件视图的创建方法，如图6.4.4 所示。

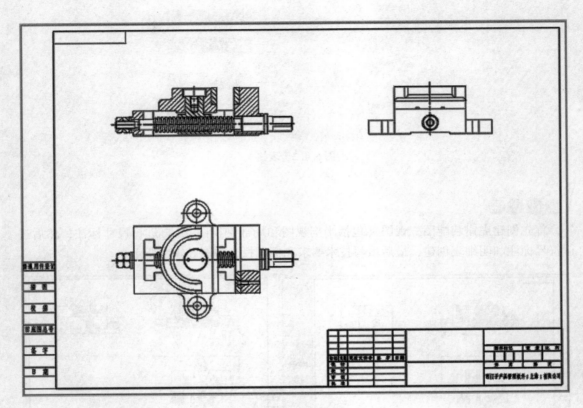

图 6.4.4　创建视图

2. 尺寸标注

参考前面虎钳零件尺寸标注方法，如图 6.4.5 所示。

3. 符号标注（图 6.4.6）

4. 标注其他符号（图 6.4.7）

5. 创建明细表（图 6.4.8）

6. 调整明细表

明细表的具体调整方法可参考"表格"操作视频，调整后的效果如图 6.4.9 所示。

7. 填写技术要求和标题栏（图 6.4.10）

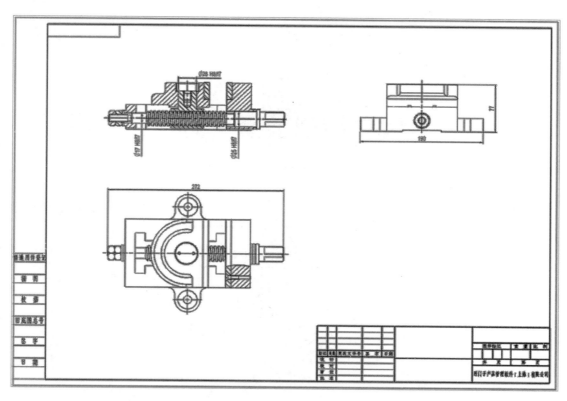

图 6.4.5 标注尺寸

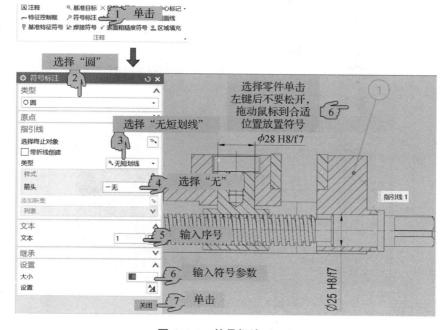

图 6.4.6 符号标注（一）

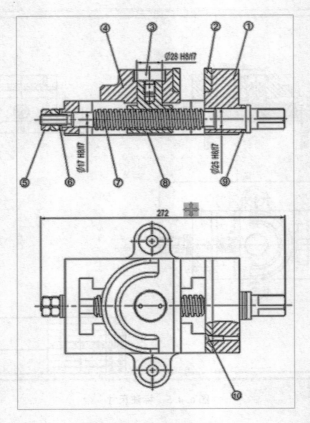

图 6.4.7　符号标注（二）

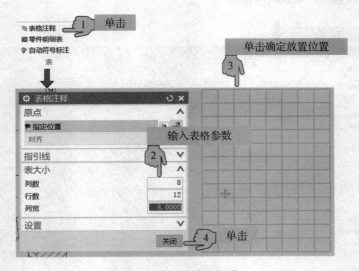

图 6.4.8　创建明细表

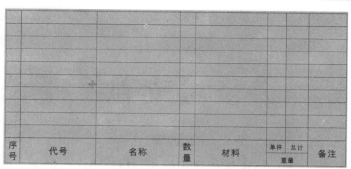

图 6.4.9　调整明细表

下方表格对应明细表底部行：

序号	代号	名称	数量	材料	单件 总计 重量	备注

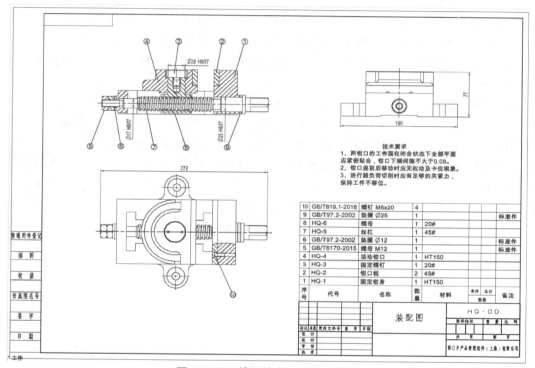

技术要求
1、两钳口的工作面在闭合状态下全部平面
应紧密贴合，钳口下端间隙不大于0.08。
2、钳口座前后移动时应无松动及卡住现象。
3、进行超负荷切削时应有足够的夹紧力，
保持工件不移位。

10	GB/T819.1-2016	螺钉 M6x20	4			
9	GB/T97.2-2002	垫圈 Ø25	1			标准件
8	HQ-6	螺母	1	20#		
7	HQ-5	丝杠	1	45#		
6	GB/T97.2-2002	垫圈 Ø12	1			标准件
5	GB/T6170-2015	螺母 M12	1			标准件
4	HQ-4	活动钳口	1	HT150		
3	HQ-3	固定螺钉	1	20#		
2	HQ-2	钳口板	2	45#		
1	HQ-1	固定钳身	1	HT150		
序号	代号	名称	数量	材料	单件 总计 重量	备注

装配图　　HQ-00

西门子产品管理软件（上海）有限公司

图 6.4.10　填写技术要求和标题栏

项目小结

　　本项目以虎钳零件图和虎钳装配图为基础，具体介绍了工程图环境、工程图参数设置、工程图视图创建、工程图视图标注和工程图表格等内容。在工程图创建过程中，一定要注意符合国家或企业标准，因篇幅有限，部分工程图知识没有涉及，请参考其他资料自学。

项目6 习题

参 考 文 献

[1] 薛智勇，师艳侠. CAD/CAM 软件应用技术：UG ［M］. 北京：北京理工大学出版社，2012.

[2] 连国栋. UG NX 10.0 完全自学宝典 ［M］. 北京：机械工业出版社，2015.

[3] 展迪优. UG NX 10.0 机械设计教程 ［M］. 北京：机械工业出版社，2015.

[4] 袁锋. UG 机械设计工程范例教程（CAD 数字化建模篇）［M］. 北京：机械工业出版社，2015.

[5] 何煜琛，习宗德. 三维 CAD 习题集 ［M］. 北京：清华大学出版社，2010.

[6] 杨立云，孙志平. 三维造型设计 ［M］. 北京：北京理工大学出版社，2018.

[7] 孙志平，杨立云. 三维造型设计 ［M］. 北京：机械工业出版社，2013.

[8] 钟日铭. UG NX 10.0 入门与范例精通 ［M］. 2 版. 北京：机械工业出版社，2015.

[9] 博创设计坊组. UG NX 10.0 完全自学手册 ［M］. 北京：机械工业出版社，2015.

[10] 章兆亮. UG NX 10.0 宝典 ［M］. 北京：机械工业出版社，2015.